赶走焦虑

应对焦虑的系统性策略

魏珍◎著

中华工商联合出版社

图书在版编目（CIP）数据

赶走焦虑：应对焦虑的系统性策略 / 魏珍著 . -- 北京：中华工商联合出版社，2022.10
ISBN 978-7-5158-3541-9

Ⅰ．①赶… Ⅱ．①魏… Ⅲ．①焦虑－自我控制 Ⅳ．① B842.6

中国版本图书馆CIP数据核字（2022）第171999号

赶走焦虑：应对焦虑的系统性策略

| 作　　　者：魏　珍
| 出 品 人：刘　刚
| 图 书 策 划：蓝色畅想
| 责 任 编 辑：吴建新　关山美
| 装 帧 设 计：胡椒书衣
| 责 任 审 读：郭敬梅
| 责 任 印 制：迈致红
| 出 版 发 行：中华工商联合出版社有限责任公司
| 印　　　刷：北京市兆成有限责任公司
| 版　　　次：2022年11月第1版
| 印　　　次：2022年11月第1次印刷
| 开　　　本：710mm×1000mm　1/16
| 字　　　数：197千字
| 印　　　张：14.5
| 书　　　号：ISBN 978-7-5158-3541-9
| 定　　　价：68.00元

服务热线：010-58301130-0（前台）

销售热线：010-58302977（网店部）
　　　　　010-58302166（门店部）
　　　　　010-58302837（馆配部、新媒体部）
　　　　　010-58302813（团购部）

地址邮编：北京市西城区西环广场A座
　　　　　19-20层，100044

http://www.chgscbs.cn

投稿热线：010-58302907（总编室）

投稿邮箱：1621239583@qq.com

工商联版图书
版权所有　盗版必究

凡本社图书出现印装质量问题，请与印务部联系。

联系电话：010-58302915

前　言

我们不可能赶走所有焦虑，但可以走近它、了解它。

据世界卫生组织数据统计，全球有3.5亿人遭受抑郁、焦虑等心理疾病的困扰。2004年，抑郁症位列全球疾病负担第三位。2017年，中国疾控中心通过分析全球疾病负担，发现心理疾病已成为我国重要公共卫生问题，占全球总病例的21.3%。女性抑郁人群明显高于男性，是男性的1.7倍。2021年10月10日是世界精神卫生日，世卫组织数据显示，全球近10亿人饱受不同程度精神心理健康问题的困扰。青少年人群中23.7%受到抑郁焦虑情绪困扰，接受过心理专业治疗和咨询的却不足10%。青少年受困扰人群大多存在情绪、交往、行为障碍。世卫组织预测，到2030年，抑郁症等不良精神心理疾病将高居全球疾病负担第一位！

记得十几年前，我有一段时间工作压力很大，突然感觉胸闷、呼吸不畅、心慌紧张、手心冒汗，那是我第一次体会到因焦虑引发的躯体生理反应症状。另一次感受到焦虑是在生女儿时，因产前几天才回到深圳，无法很好地适应家庭环境，再加上产后照顾孩子，导致睡眠不足，所以我当时的状态很差。在体验过焦虑、紧张、恐惧等不良情绪后，我开始及时调整，同时积极寻求上级心理老师的帮助，进行相应的情绪疏导。调整后，身心逐渐恢复到了健康水平。

我长期从事心理咨询工作，有近万小时临床接诊经验。工作中，我常常会遇到一些来访者，他们的心理疾病已经到了中重度，生活社会功能受损很严重，这时家人才意识到需要就医或寻求专业心理帮助。但遗憾的是，很多来访者来到我的咨询室时已经超出咨询介入的最好时机。

近几年，社会新闻也较频繁地报道了很多因心理疾病而失去生命的事件，让人非常惋惜。在心理咨询接诊工作中，我发现，虽然引发抑郁和焦虑情绪的因素各有不同，但也有很多共性——抑郁、焦虑常常同时出现，抑郁人群的情绪更多指向过去的身心创伤和对现状的压力；而焦虑情绪更多是指向对现状和未来不确定性的压力。另外，多数抑郁症人群发病前期，都会在较长时期内出现不同程度的焦虑情绪，但当时并未引起重视，也没有进行及时的疏导。

不良情绪困扰未被及时重视，与大众对心理健康知识认知较少、心理健康社会普及性不足有关。在2020年、2021年这两年间，我与心理团队共组织开展了近200场不同主题的心理科普活动。在新冠肺炎疫情期间，疫情及社会经济发展不稳定也导致人们心理困扰加剧，无论是政府还是社会组织的心理健康知识普及活动还不够多，很多人因对心理知识了解不足，存在对心理疾病的"病耻感"，这在很大程度上影响了及时就医率。

作为一名心理工作者，在自助助人这一初心的鼓舞下，将自己在心理咨询临床工作中对焦虑人群的咨询经验总结分类，在这本书中进行了比较全面的分析与阐述。书中使用了大量咨询案例，通过深入分析引发不同焦虑类型的原因，给出了不同焦虑类型对应的自我调整的方法。

希望能够借助这本书，对心理科普工作尽一份微薄之力，对正在饱受焦虑困扰或曾经经历过焦虑与不良情绪困扰的朋友能有所帮助。书中使用了通俗易懂、贴近生活的语言，如果有用词不够严谨或有待完善更正的内容，欢迎同仁和读者指正！也希望更多人参与和支持心理科普工作，同时能够更加积极地关注自我和家人的身心健康。希望在阅读这本书时，无论处在怎样的环境和情绪状态中，都可找到面对生活的安定与从容。愿读本书的你能够获得内在的宁静与幸福！

魏珍

2022年5月于深圳

推荐序一

适逢其时，乱云飞渡仍从容

当我答应为魏珍的新书写序时，正是初夏一个充满阳光的午后。晚上，我像平时一样带领写作治疗小组写作，然而却总是感觉肠胃紧缩，胸口有种压迫感。这种情况并不常见，我忽然意识到自己正在焦虑，而原因与下午答应为新书写序的事情有关。身为老师，每天教人写作，但是在答应写一篇文章后，我依然会无意识地焦虑，身体不自主地发生反应，经受现实焦虑和道德焦虑的双重裹挟。

幸好翻开了这本书，越看越入迷，我的心情也跟随着阅读的进展，越来越放松。最后，焦虑变得无影无踪。所以，我说这是一本适逢其时的书。打开它阅读之后，即刻助人缓解焦虑。

另外，说它适逢其时，也是因为新冠肺炎疫情暴发以来，每个人都处于特殊的大环境下，难免恐慌焦虑。为了缓解这种焦虑，就会急于去做一些事情，关注点往往会投向外部，被外部世界的人、事、物牵引，但是外部世界千变万化，有很多我们无法掌控的因素。我们被外在力量牵引，做出一些反应，因此会更加被动，更缺乏安全感，也会更焦虑。

我们无法掌控外界，但是可以掌控自己的心，做自己内心世界的主宰。阅读这本书，将把我们的视线拉回自我的内心，一方面可以帮助我们系统地了解与焦虑相关的心理学知识；另一方面可以掌握各种方法，解决困扰我们的焦虑。

焦虑是我们这个时代的精神特征，市场上与之相关的书籍汗牛充栋。而魏珍的这本书，居然让我这个心理学人也读得津津有味，实属不易。原因是书中不仅介绍了丰富的专业知识，更有栩栩如生并且与实际生活紧密相连的案例讲述。这些案例来自她实际工作中接触的人，与我日常接触的来访者和学员拥有相似的生命故事，读来真实生动，好像看到我的来访者走进魏珍的书中，让我们极易产生共情，读之不觉隔阂，冷僻的概念亦晓畅易懂。

这本书中，我最喜欢的是第七章，魏珍对"贩卖焦虑"这种病态社会现象的剖析，一针见血、犀利透彻。她直白地告诉读者，"贩卖焦虑，其实是一门生意"，指出此类文章的软肋——标题紧抓读者的注意力，内容却只讲无关紧要的故事和人物背景，几乎没有具体描述当事人如何创业，如何成功，如何创造"6000万元"奇迹。在这些报道中，成功变成一件轻描淡写的事情，却让读者自惭形秽，对他人和社会慢慢地形成一种不正确的认识，浮躁和焦虑就这样传播开来。

能清楚地看透本质，与魏珍早年白手起家，在商业上斩获成功的人生经历以及她开阔的视野有关。更可敬的是，作为一名心理从业者，她满怀慈悲心，告诫读者怎么不掉进"贩卖焦虑"的大坑，怎么解决自身欲望与能力不匹配形成的困难，最终走出焦虑误区。

是啊，每个人都想要获得成功，都想要备受尊重，都想要掌控一切，所以才努力奋斗。但是，如同魏珍在书中所说："促使我们陷入焦虑的，从来不是跑不跑的问题，而是对前路的迷茫和对自己的迷茫。"解决焦虑的问题，最终都要回归到这几个问题：我是谁？我的价值观是什么？我能否保持坚韧自信和不畏压力的人格品质？

在这不完美的世界中，暮色苍茫看劲松，乱云飞渡仍从容。

《用写作重建自我》作者、中国心理写作治疗开创者　黄鑫

推荐序二

赶走焦虑，回到现实

也许你不会相信，作为心理咨询师的我也免不了时常遭受焦虑的折磨。

面对各种考评、同行间的交流、来访的挑战，心中总会出现一些声音："万一我做不好怎么办？""如果搞砸了就完蛋了！"值得庆幸的是，因为心理学的帮助，我不再被这些声音"绑架"。承认焦虑的存在并尝试用更科学的方法应对，它造成的影响也会因此而下降。

是的，焦虑让人痛苦，但它可以被修正，也可以被克服，这也是我的好友魏珍老师的作品《赶走焦虑：应对焦虑的系统性策略》一书想要传递给各位读者的信念。

目前，心理学的研究发现，病理性焦虑的一项核心特性是"缺乏现实性思考"——这不只会让人脱离现实，进行充满了"万一""假如"等担忧式思考，还会让人使用万分之九千九百九十九的精力去维持这些脱离现实的思考，从而使生活停滞。

为什么会这样呢？被焦虑绑架的人都具有一个共性——以自我为中心。也就是说，这些人在很多不确定的情境中，容易自动地将注意力投注到自己的身体或心理反应上，从而忽略真实世界的积极反馈。此外，他们还会错误地将这些反应理解为负面或消极的内容，并且会在未与他人求证的情况下，惯性地认为别人也会认为他们是不好的，因此持续地焦虑或担忧下去。

当前，有关焦虑的最前沿的研究指出，认知偏误是造成焦虑的主要原因。由于注意力和解释归因的偏误，使得焦虑的人在面对不确定情境时更容易产生焦虑并陷入担忧之中。这样的特性意味着，如果能从身心两方面着手，或放松身体停止偏误性的认知加工，或修正认知偏误回归有效现实的思考，都可以有效地改善焦虑的困扰。

《赶走焦虑：应对焦虑的系统性策略》一书正是基于对认知偏误研究，在系统介绍焦虑成因之外，还提供了应对方法帮助我们赶走焦虑带来的种种困扰，温和且坚定地安住于现实世界。这也是本书难能可贵的地方，兼顾了"知易""行便"的功效。我们在阅读完本书后，可以做到"知己知彼，百战不殆"。

本书除了适用于想要认识或正被焦虑问题困扰的读者，也适合从事心理行业的相关人员品读。丰富了我们关于焦虑的认识，同时，还能够帮助我们掌握适合自己的自助之法，是《赶走焦虑：应对焦虑的系统性策略》为所有读者提供的宝藏。

祝愿所有阅读完本书的朋友们都能早日赶走焦虑，回到精彩纷呈的现实世界！

畅销书《睡个好觉》作者、中华医学会第七届委员会委员　汪瞻
2022年春于深圳

目 录

第一章 区分抑郁、现实性焦虑、神经焦虑和道德焦虑

　　第 1 节　抑郁和焦虑的区别 /3

　　第 2 节　找得到出处的现实性焦虑 /5

　　第 3 节　行动是治愈现实性焦虑的良药 /9

　　第 4 节　神经性焦虑——没来由的可怕情绪 /13

　　第 5 节　为心灵做 SPA/18

　　第 6 节　道德焦虑——我用道德绑架了自己 /23

第二章 学会和"有益焦虑"和谐共处

　　第 1 节　哪些焦虑是必要的、有益的？/29

　　第 2 节　高焦虑≠高行动力，无焦虑＝低行动力 /33

　　第 3 节　有益焦虑也经不起"联想"/37

　　第 4 节　如何解除焦虑"警报"/42

　　第 5 节　评估"焦虑值"的方法 /47

第三章　溯源有害焦虑

第1节　焦虑者最常见的价值观——追求绝对化完美 /54

第2节　焦虑者最抗拒的因素——不确定性 /59

第3节　焦虑者最恐惧的因素——"我被拉开距离" /63

第4节　焦虑者最深的担忧——"资源"被"抢完" /68

第5节　焦虑者最不敢面对的局面——如果被拒绝，我该怎么办？/73

第6节　焦虑者最大的错觉——针对我、重视我的人都很多 /76

第四章　暂时"隔离"焦虑的七种方法

第1节　转移注意力，应对焦虑的止痛药 /83

第2节　场景预演，降低焦虑造成的影响 /87

第3节　科学呼吸，改善身心状态 /91

第4节　自我交谈，去伪存真，建立自信，放松身心 /96

第5节　破釜沉舟，了解、接受最坏的结果 /102

第6节　忙起来，填充碎片时间 /105

第7节　学会"横心"，打破焦虑 /109

第五章　心理障碍型焦虑的"系统脱敏"

第1节　恐惧症引发的焦虑——找到真实恐惧源，穿越它！/115

第2节　强迫症引发的焦虑——增强心理抗受力 /119

第3节　创伤后应激障碍引发的焦虑——治愈自我 /123

第4节　外貌焦虑——找回内在自信 /128

第5节　环境焦虑——针对特定环境的强化训练 /133

第6节　年龄焦虑——不同年龄的你在想什么？/137

第 7 节　分离焦虑——应对不同成长阶段的分离 /142

第 8 节　死亡焦虑——我们都无法回避的死亡主题 /146

第六章　焦虑的身体 VS 身体的焦虑

第 1 节　焦虑影响健康，不健康更焦虑 /151

第 2 节　为什么焦虑的人更容易疲惫？/155

第 3 节　容易激化焦虑的饮食习惯 /158

第 4 节　放松自己，从身到心 /163

第 5 节　对抗焦虑 /167

第七章　"焦虑贩子"无处不在，我们应该怎么办？

第 1 节　被"炮制"出来的焦虑 /173

第 2 节　贩卖焦虑，其实是一门生意 /176

第 3 节　主动给自己设置"竞争参照物"/181

第 4 节　自己先要想清楚，怎么才能变得更好？/184

第 5 节　你想要多成功？/187

第八章　很努力，却越来越焦虑

第 1 节　用尽力气，却追不上理想中的自己 /193

第 2 节　"意义"很庸俗，但不能没有 /196

第 3 节　从别人的口中解脱出来 /200

第 4 节　上进心是行动指南，不是"藏宝图"/205

第 5 节　别焦虑了，去主宰吧 /209

附　录　此时的你

致　谢

愿在读这本书的你获得内心的宁静与幸福!

第一章

区分抑郁、现实性焦虑、神经焦虑和道德焦虑

> 焦虑作为一种负面情绪,分为很多种,每一种症状都不同。认识不同的焦虑,有助于对症下药,提高缓解焦虑的效率。

第1节 抑郁和焦虑的区别

抑郁和焦虑常常同时出现,当出现长期抑郁或焦虑情绪却未被重视时,很容易患上抑郁症或焦虑症。抑郁和焦虑是两种不同的情绪表现,在生理机能、临床表现等方面均有不同,医疗临床治疗用药和咨询疏导方法也有所不同。

第一,生理机能表现的区别。

抑郁与5-羟色胺、去甲肾上腺素等神经递质功能活动下降有关,也与皮质醇水平增高等神经内分泌因素、灰质体积异常等脑结构变化有关。

焦虑主要与γ-氨基丁酸、5-羟色胺、去甲肾上腺素水平下降有关。

第二,临床症状表现的区别。

抑郁主要表现为情绪低落、易哭、易悲伤;兴趣减退甚至丧失、人际回避;对前途悲观失望,感到无助;精神疲惫、易失眠;自我评价下降,容易自责、充满负罪感;感觉生活或生命本身没有意义,甚至出现轻生观念及行为。抑郁症的病理标准是抑郁程度影响正常的心理机能或社会功能受损,自我无法调整持续至少两周以上。

焦虑主要表现为过度担心,对未来可能发生、难以预料的某种危险或不幸事件的担心。担心和烦恼的程度与现实不相称,或不能明确意识到担心的对象或内容,只是提心吊胆、惶恐不安,伴有自主神经症状或运动性不安。常出现紧张、害怕、坐立不安、发抖、尿频、失眠等症状，严重者还会导致呼吸困难、胸闷或急性惊恐发作等。

抑郁症和焦虑症这两种病症有共病性，常常同时出现，而在临床心理工作经验中发现，多数抑郁症人群发病前期，在较长期内已经出现不同程度的焦虑情绪症状问题。而这些并未引起重视，也没有及时治疗。

第2节 找得到出处的现实性焦虑

焦虑从何而来？如果说焦虑来无影去无踪，这可不对。大多数焦虑的出现都是有原因的，想要从焦虑的情绪中走出来，就要先找到焦虑的成因。在所有焦虑的分类中，最容易找到成因的是现实性焦虑。

现实性焦虑，顾名思义，焦虑的源头就在现实之中。但即使成因都在现实之中，也不能一概而论。有时，我们很容易就能找到焦虑的源头。但有时候，焦虑来得莫名其妙，让人摸不着头脑。根据成因的不同，我们还可以将焦虑分为因为已经发生的事情产生的焦虑、因为尚未发生的事情产生的焦虑，以及某些联想型焦虑。

最容易寻找的焦虑成因，是那些因为已经发生的事情而产生的焦虑。生活并非一帆风顺、晴空万里，总会有乌云密布甚至倾盆大雨的时候，特别是在当今社会，人们接触到的信息越来越多，也就有了更多造成焦虑的原因。

今天的工作没有做好，有可能会让你焦虑；晚饭时本想露一手，结果搞砸了，可能会成为焦虑的原因；刷刷小视频，看着同龄人已经踏入人生下一个阶段，有了幸福美满的家庭，而自己还是单身一人；进入婚姻后，夫妻关系、婆媳关系、孩子学习成绩不理想等，都有可能成为焦虑的原因。

而当我们面对没有发生的事情时，更容易产生焦虑情绪。人们常说，已经射出去的箭不可怕，引而不发的箭才是最恐怖的。这一箭会射向哪里？会射中我吗？我会受伤吗？在这种情况下，胡思乱想很快就会引发焦虑。

在生活当中，我们当然不会正对引而不发的弓箭。但是，有无数类似的事情正在困扰着我们。学生会因为考试成绩还没下发而忧心不已；成年人也会因为不确定在竞争当中能否获胜而头疼。在结果到来之前，焦虑情绪很容易出现。

社会大环境是影响焦虑出现的重要原因。在经济发展迅速、人人都能获得较好的生活时，焦虑就不容易出现。而在经济萎缩，生活压力大时，焦虑就会在整个社会中蔓延。

20世纪三十年代，美国正处于经济大萧条时期，想要找到一份养家糊口的工作非常困难。在这种情况下，人人都处于焦虑之中。即使口袋里有钱，也会选择收缩消费，避免陷入经济紧张的窘境之中。原本喜欢参加宴会，购买珠宝，互相攀比的有钱人，也纷纷改变消遣方式，走入电影院、剧院，和大众一起消磨时间。在这一时期，图书业和电影业获得了蓬勃发展。

将近100年后的今天，新冠肺炎疫情同样催生了人们的焦虑情绪，许多之前没有设想过的困难，正在出现。发生在自己身上和别人身上的事情，都能成为焦虑的源头。

32岁的公司白领小赵，从新冠肺炎疫情开始就陷入了深深的焦虑之中。疫情严重冲击了她所在的行业，让正处于事业上升期的她距离财务自由越来越远，尤其是疫情刚开始的那段时间，整个行业的萎缩让她一度认为自己不仅会失业，甚至还会失去自己多年来在行业中积累的工作经验和人脉。

孩子的教育，同样是小赵焦虑的来源。小赵的儿子虽然性格顽皮，但头脑却很灵活，学习成绩一直不错。疫情期间，学校的授课方式从课堂搬到了网络上。在孩子上网课时，小赵盯着，担心自己会影响孩子的注意力；不盯着，又怕孩子趁机玩电脑游戏，根本不认真听课。尤其是当孩子有正当理由用电脑以后，似乎越来越依赖电脑，把更多的时间用在网络上。如果孩子因此养成了糟糕的习惯可怎么办？因为儿子的教育问题，小赵经常焦虑得睡不着。

没有发生的事情，不代表不会因此焦虑。现在没有发生，不代表以后不会发生；现在发生在别人身上，不代表自己就一定不会遭遇。因此而产生的焦虑，比已经发生的事情更让人心烦意乱。

基于现实，还有一种"杞人忧天"式的焦虑。造成这种焦虑的事件发生概率极低，许多人终其一生也不会遇到。但有些人就是会焦虑，担心自己有一天也会遭遇到这样的小概率事件，为此忧心忡忡。就如同《杞人忧天》这个故事中的主人公那样，害怕天会塌下来。

在心理咨询工作中，常常会遇到这种"杞人忧天"的焦虑患者，其中最典型的就是害怕搭乘飞机。飞机出现事故的概率远远低于其他交通工具，遇到空难的概率与买彩票中头奖的概率相差不大。许多精英人士、高收入人士以及高学历人士，都知道搭乘飞机的风险很小，但仍然会控制不住地焦虑。

其实，这种"杞人忧天"的焦虑主要来源于恐惧。遇到空难的概率远远低于车祸，但车祸的存活率要远远高于空难。走在街上被雷电击中的概率极低，可是被击中就很难生还。越害怕就越会联想，越联想就会越焦虑，最终形成恶性循环。

对于焦虑，人们往往认为只有重大的、影响深远的事件才会触发现实性焦虑。实际上，引发现实性焦虑的却不一定是那些重大的、有深远影响的事件。一件日常生活中不起眼的小事，一句他人无心的话语，一个很快就能得出结果的问题，都可能是现实中焦虑的根源。

所以，想要根除现实性焦虑，在寻找引发焦虑原因的时候，不要把视线都放在那些大事上，让你觉得旅途疲惫的未必是前方遥远的山峰，也有可能是鞋子里的一粒沙。

第3节　行动是治愈现实性焦虑的良药

现实性焦虑困扰着人们，因为我们都会遇到烦心事。那么，如何解决现实性焦虑呢？最简单的做法就是行动起来。

"千里之行，始于足下。"无论什么事情，如果放任不管，不展开行动，那么焦虑就永远都不会解决。也许有些人认为，即使马上行动起来，也不能保证能够获得成功，焦虑也许还是无法解决。其实，无论你的行动是否有效，只要开始行动，情况马上就会变得不一样。

陈亮在一家公司已经工作了四年，这四年来他兢兢业业，为公司立下了许多功劳，并因此获得了升职的机会。升职原本是他最期待的事情，但当他得知还有一位比他更早入职的同事与他竞争时，他开始焦虑了。

对方资历比他老，人缘比他好，自己唯一的优势就是成绩上稍占上风。陈亮把自己和对方的优缺点汇总成一张表格，想要以更精确的数字来进行评估，看看到底谁在竞争中获胜的概率更大。他计算了许多次，也改变过许多次计算方法，自己胜出的概率远远低于对方。看到这样的结果，陈亮变得更加焦虑了。

距离最终的升职结果还有三个星期，陈亮切实感受到了焦虑的折磨。吃饭时、工作时、和女朋友约会时，甚至入睡前脑子里想的都是升职的事情。他想了许多办法，每种办法似乎都有可能让他在竞争中获胜，但获胜的概率都微乎其微。这让陈亮想起了大学时期参加演讲比赛时的一段经历。

在大学时期，陈亮决定改变自己不擅交际的缺点，希望能够为自己步入社会做好铺垫，他选择的方式是学习演讲。为了挑战自己，陈亮报名参加学校的演讲比赛。让他意想不到的是，自己作为一名新手，居然凭借一腔热情和努力，最终进入决赛。

决赛的对手非常强大，对方从小学就开始练习演讲，是真正热爱演讲的人。陈亮在决赛当中落败，但却并不沮丧。因为在准备和练习的过程中，他每时每刻都很充实。即使没有获胜，陈亮也得到了其他的收获。

想起自己大学时的经历，陈亮顿时茅塞顿开。这段时间以来，自己究竟在干什么？一门心思都放在升职这件事情上，生活和工作都变得一塌糊涂。如果没能升职，不仅没有获得收获，岂不是还蒙受了损失？既然为升职的事情担心，那就更应该好好生活，让自己以最好的状态投入到工作中去。

于是，那个焦虑、沮丧、手足无措的陈亮消失了。他找回了往日的自信，重新投入到工作中。到了升职名单出来的那一天，陈亮的名字就在上面。至于胜出的原因，不在他自己身上，而是他的竞争对手在近期的工作失误，犯了很大的错误，被迫退出竞争。

焦虑是一种生活中常见的情绪，但焦虑过度会扰乱我们的心绪；影响我们的健康和状态；干扰我们的工作和生活。造成现实性焦虑出现的问题主要集中在现实中，与其浪费时间担忧，不如马上行动起来。

因为某些事情没做好而感到焦虑，反复折磨自己，最终只能担忧这件事情再次发生，害怕再次跌倒在同一个地方。与其担心没有发生的事情，为什么不改变、调整自己的行动呢？即使已经蒙受了损失，谁又能知道下一次危机什么时候到来呢？即使真的来不及挽救，也无法挽回任何损失，但是在补救的过程中，也能学到如何应对危机，如何避免犯同样的错误。当做好万全准备之后，我们就不会再害怕同样的问题出现，甚至会有些跃跃欲试，想利用自己总结出的经验和办法，完美解决下一次危机。

对于那些没有发生的事情，行动就更加重要了。既然我们担心事情的发展方向与我们想象的不一样，那么为什么不尝试做一些努力，即使能让事情的发展方向朝我们希望的地方扭转一分，成功率增加一分，这些努力都是有意义的。

因为没发生的事情而焦虑、担忧，带给我们很多负面影响。"与其临渊羡鱼，不如退而结网。"可以朝着可实践的方向努力，即使没有任何收获和效果，至少能够缓解我们的焦虑情绪，长时间陷在担忧恐慌的情绪里，而实际行动上却止步不前，也许尝试成功了呢？也许我们比自己想象得更加强大呢？如果这样的话，我们行动的收益将会是巨大的，不仅解除了焦虑，节省了时间，还能享受胜利的果实。

至于那些"杞人忧天"的现实性焦虑，行动也有很大的帮助。行动不能解决打雷下雨的问题，也不能解决天塌地陷的问题，但能让我们把精力用到更有效的规划和实践上，可能缓解一些焦虑情绪。

担心被雷电击中？不妨在下雨天时泡上一杯热茶，播放一首舒缓的音乐，读一本书。当我们沉浸在优美的旋律中时，当我们陶醉于醉人的文字中时，担心被雷电击中的焦虑想来已经被抛之脑后。

现实性焦虑很难避免，但却不是不能解决。找到焦虑的根源，以让事情朝着更好的方向为目标而努力，这就是排除焦虑最好的办法。而最不理想的选择，是停在原地，把时间和精力浪费在忧虑上，任由焦虑的情绪折磨自己，逐渐把自己吞噬。

因此，当我们为现实中的种种情况感到焦虑时，马上行动起来吧。那些对事情发展有益的行动，或许能帮助我们扭转方向，并取得好的结果。即使真的没有什么可以做的，收拾收拾房间，更换家里的小饰物，换一个新发型，为自己和家人做一顿可口的晚餐，都能让我们缓解一些焦虑的情绪。思考解决问题的方案，最终才能找回真实有力的自己。

第4节 神经性焦虑——没来由的可怕情绪

每个陷入焦虑情绪的人，都费尽心思想要从中走出来。有些人能从现实中找到焦虑的根源，有些人却无法准确地找出焦虑到底从何而来。找不到焦虑的原因会加重焦虑，形成恶性循环。其实，焦虑的种类很多，并不是所有类型的焦虑都能从现实当中找到根源。有些焦虑是没来由的，在现实中找不到原因，只是自己困扰自己。这种没有来由的可怕情绪，就是神经性焦虑。

焦虑症又被称为焦虑性神经症，而焦虑症与神经症两者并不完全等同，焦虑症属于神经症这一大类疾病中最常见的一种，需要及时进行专业系统的治疗。

神经性焦虑与焦虑症虽不等同，但如果不加以干预任其发展，很有可能发展成焦虑症。因此，如果受到神经性焦虑的困扰，千万不要放任，一定要积极寻求方法疏导调整，及时面对，缓解症状。

那么，神经性焦虑有哪几种？又有哪些表现呢？神经性焦虑总共分三种，即预期性焦虑、恐惧症和惊恐障碍。

第一种，预期性焦虑。

预期性焦虑与现实性焦虑有相似之处。现实性焦虑中有对雷电、空难、地震等小概率事件的焦虑。预期性焦虑，则总是幻想某些事件发生后一定会得到最糟糕的结果，是一种"糟糕至极"的主观性的不合理认知感受。

《孙子兵法》中有这样的记载："为将者未虑胜，先虑败，故可百战不殆矣。"这句话的意思是说作为一名将军，在考虑胜利之前，先考虑如果失败会面临怎样的状况，怎么做才能扭转败局，这样才能百战百胜。这样的做法固然对成功有帮助，但也可能助长悲观情绪，促使预期性焦虑的发生。

我们在考试时，通常情况下会设想自己在考试中可能取得怎样的成绩。《孙子兵法》中"百战不殆"的为将者，会思考考试成绩不佳时应该如何努力，这样才能在下一次考试当中取得好成绩，扭转败局。而受到预期性焦虑影响的人，会认为自己已经在考试当中失败，从而陷入焦虑和沮丧之中。

除此之外，还有很多类似的情况。例如有些人在遇到心仪的对象时，还没有与对方接触，就先得出对方不会喜欢自己的结论，进而陷入焦虑。在获得心仪公司的面试机会时，还没有见到面试官，就认为凭借自己的能力无法进入这么好的公司，开始打退堂鼓，在等待时坐立不安。

更可怕的是，预期性焦虑产生的不良情绪，还可能引发连锁反应，让情况"夸大"糟糕的感受。例如，面试会失败，失败就会找不到工作，找不到工作就没有收入，不要说成家立业了，连最基本的生活都无法保障。更有甚者，有的人最终只能回家啃老，让父母与自己一起度过悲惨而失败的人生。

在这些不良情绪的困扰下，焦虑情绪会循环叠加，最终达到惊人的结果，形成焦虑症。当我们长期处于过度焦虑和自我内耗的身心疲惫状态中时，非常容易引发焦虑症。

下雨天时泡上一杯热茶,读一读书,当沉浸在醉人的文字中时,焦虑早已被抛之脑后。

第二种，恐惧症。

在这个人人都在标榜与众不同的时代，没有心理疾病似乎才是不正常的。最容易得的心理疾病是什么？毫无疑问，就是恐惧症。人们处于竞争激烈的环境中，很多人群都易出现不同类型的恐惧症，各种恐惧症由此闪亮登场——恐高症、密集恐惧症、幽闭恐惧症、社交恐惧症……

恐惧症真的那么简单吗？我们真的很轻易就能患上其中的一两种吗？当然不是。我们无法自行缓解恐惧症，恐惧症除了会影响我们的健康，还会影响学习、生活和工作等社会功能。恐惧症发展到一定程度时，同样会变成需要就医的心理疾病。

趋利避害是人类的本能，看到可怕的事物，自然会生出不适的感觉。狭小的空间、容易引发跌落的高处、密密麻麻聚集在一起的物品，这些都会引起人们的不适。但是这种程度的不良情绪，远远称不上是恐惧症，这只是人类自我保护的本能在起作用。

恐惧症是神经性焦虑的一种，其表现与焦虑分不开。在发病时，会产生强烈的焦虑感，伴随着紧张、害怕、发热、头晕、头疼、心跳加速、四肢颤抖、恶心反胃等生理反应。

恐惧症伴随着如此强烈的生理和心理反应，因此人们会对让自己产生恐惧的事物进行最极端的回避。这种回避行为，不是"厌恶"或"害怕"，不是简单的描述就能阐述清楚，更不是仅仅表现为"不舒服"就是恐惧症。极端的回避行为极难克服。有时，即使可能威胁到生命安全，都无法让恐惧症患者更进一步冲破自己的桎梏。

所以，在面对某种事物产生的不适感时，不要暗示自己患有恐惧症，否则在心理活动与行为的双重作用下，很有可能加深不适的程度，转变成真正的恐惧症，威胁自己的心理健康。

第三种，惊恐障碍。

惊恐障碍，也被称为惊恐反应或惊恐发作，被视作急性焦虑症的表现之一。这种疾病，是一种症状表现为急性的神经性焦虑。

惊恐障碍发作时，会产生强烈的恐惧感，患者会出现心悸、胸闷、呼吸困难、体温异常、尿急、颤抖、头疼、头晕、恶心呕吐等生理症状，有的甚至会抽搐。听起来和恐惧症发作的情况很像，但区别是，恐惧症肯定会找到发作的诱因，患者或许是看到了什么，或许处于会诱发恐惧症的环境中，又或许是想起了糟糕的回忆。而惊恐障碍的发作，往往没有明显的诱因。

出现惊恐障碍的原因至今仍不明确，有研究表示其与遗传因素有关，也有学者认为与体内某些激素的浓度有关。而在心理咨询工作过程中发现，患有惊恐障碍的人群与自我的长期冲突有一定关系，因此也有人认为这是神经性疾病。

但是，无论是哪种说法，可以通过药物结合心理治疗，逐渐下降惊恐障碍的发作的频率和强度，可能够在不影响患者正常生活的前提下逐步恢复社会功能。

在几种焦虑根源中，神经性焦虑无疑是最接近神经症性疾病的一种，但是对人的身心有较大的损伤性，给患者带来最严重的困扰，影响健康和生活。当神经性焦虑发展成真正的焦虑症时，会成为影响生活的可怕疾病。所以，当出现神经性焦虑症状时，不要忽视，要重视及时缓解焦虑情绪。如果反复出现不能缓解，就要去就医或求助心理专业人士。

第5节 为心灵做SPA

神经性焦虑很难找到根源，恐惧症看似有根源，但其根源是形成恐惧症的根源，而不是诱发焦虑的根源。如果焦虑情绪没有得到缓解，最终发展成焦虑症，就需要去正规医院寻求专业人士的帮助。但当还处于焦虑情绪的阶段时，我们可以通过为自己的心灵做SPA来缓解焦虑，避免焦虑逐渐积累、循环，最后演变为程度较严重的心理疾病。在心理咨询工作中，我们会发现，有时焦虑情绪更像是一个"信差"，当我们理解它想要传达的信息时，焦虑症状就会自行缓解。

那么，要如何为自己的心灵做SPA呢？SPA是拉丁文中"水疗"的意思，是一种保持身心健康的方式。在这一过程中，人们会在视觉、触觉、味觉、嗅觉和思维上获得美好的感受。为心灵做SPA，就是通过让自己的心灵通过一些刺激，获得放松与享受，以达成缓解压力和焦虑的目的。

视觉上的满足其实很简单。看看美丽的风景、徐徐落下的夕阳、下雨天的街道和广阔的大海，都能让我们的心情变得舒畅。其中最重要的，不是用眼睛去看，而是用心去体会，让自己融入大自然中，获得大自然的滋养与内在的宁静和放松。

现实性焦虑则很难通过这种方法获得放松。现实性焦虑始终都有其根源，即使看着最美丽的风景，内心还是会充满焦虑。对于神经性焦虑则是一种非常好的舒缓方式，因为神经性焦虑没有现实根源，将注意力集中在那些美丽的事物上，就能让焦虑情绪获得缓解。

听觉、触觉、味觉、嗅觉，同样如此。只要去关注那些真实的、美好的事物，就能起到舒缓压力，减轻焦虑的效果。但要注意，有些事物并不会因为个人喜好而改变其影响力，错误地追求感官刺激，不仅不会减轻焦虑，反而会在生理角度增加压力。

小海刚刚结束一段时期的紧张加班，完成了一项对公司非常重要的工程。工程结束以后，小海马上申请了假期，补偿自己过去数个周末加班的辛劳。假期开始了，他却无法放松。小海时常感受到莫名的焦虑，甚至在生理上出现了心悸、紧张等不适感。

小海求助于专业人士，得到的建议是在从感官上寻找能让自己放松的办法，做些自己喜欢的事情，好好玩儿几天。小海回想了一下，过去的假期自己都在做什么呢？于是，他约了几个好友，计划了一场盛大的"放松"活动。

上午，和几个朋友一起打游戏。下午和朋友们一起去吃他最喜欢的火锅，小海吃得酣畅淋漓，觉得开心了不少。

晚上跟朋友们一起去了他平时常去的酒吧，听了很多自己喜欢的歌曲。这一天，小海几乎把自己所有喜欢的事情都做了一次，一整天都处在快乐之中。

第二天从床上醒来的时候，小海意外地发现，他的焦虑情绪不仅没有减少，反而愈演愈烈。

这是怎么回事呢？小海不是做了他平日里放松时会做的事情吗？不是满足了自己在视觉、味觉、听觉、嗅觉上的种种喜好吗？答案是，喜好与放松并不能等同。

人的感官需求不能一概而论，有些感官需求是心理上的感受，有些感官需求是生活上的必需品，这就如同胃动力不足的病人，无论多么喜欢吃肉，也只能吃容易消化的食物。精神需求同样如此，满足需求和满足享受并不一样。

当需要缓解焦虑时，我们要做的是缓解需求的感官刺激，而不是一味地追求个人喜好。人们追求感官刺激，因为这能使我们的神经兴奋起来，可以增加肾上腺素的分泌。但同时，这也会让精神变得更加紧张。平时，这能为我们平静、普通的生活增添色彩。但在焦虑的时候，则可能会加深焦虑的程度。

想要用音乐来缓解焦虑，就应该听那些旋律舒缓的音乐，而避免长时间听激烈的摇滚乐或舞曲。读书，也尽量不要阅读情节紧张的冒险小说、惊悚小说，选择文字优美的散文、气氛温馨的故事来阅读更加合适。更要避免暴饮暴食，酒精和辛辣的食物。饮用清水、奶制品，吃些口味清淡、容易消化的食物对缓解焦虑更有帮助。

在通过感官来缓解焦虑时，要注意，我们进行的是心灵SPA，而不是过度的自我刺激。我们需要放松、休息，而不是肆无忌惮的狂欢，这会让我们的身体体能过度透支，不但不能缓解焦虑，还会带来沉重的生理和心理负担。

除了在感官上的安抚，还有其他不同方式的心灵SPA。与自己信任的人进行一次轻松的交流，是最好的方式之一。人是有倾诉欲的，但是在劳累、紧张、焦虑的时候，很多人却选择将自己封闭，拒绝与其他人交流，形成这种现象的主要原因是社交有可能会为我们带来负担。

的确，现代人更看重有价值的社交，不希望浪费太多时间和精力在无效社交上。很多人回避现实社交，一部分人则通过网络与朋友交流，或与有共同兴趣的朋友交流相关的话题，这样可以让人感到放松，对缓解焦虑情绪有一定的帮助。但也要避免过度依赖网络社交，长时间远离现实生活中的互动，缺乏人与人之间的情感连接，容易引发内在空虚和脱离人群的孤单感。

饲养宠物同样是缓解焦虑的好办法。在咨询工作中，我们了解到很多患有抑郁或焦虑情绪的人群通过饲养宠物来缓解不良情绪。与动物相伴，没有社交压力，又能感受到陪伴与温暖，虽然无法获得倾诉效果，但却不会增加压力。如果因为生活环境、时间等问题不能饲养宠物，那么不妨来"云吸猫""云养狗"，可以尝试这种方式是否能缓解焦虑。

"身体走得太快，灵魂就可能跟不上"。时间虽然宝贵，但有健康的身心才能更好地利用时间。因此，当受困于没来由的焦虑时，不妨给自己一点时间，为心灵做一个SPA。当得到充分的休息后，无论是再次迈出前进的脚步，还是打开身心去做自己喜欢的事情，都能得到更多的收获和更好的感受。

与动物相伴时，因为没有社交压力，更能感受到陪伴的温暖。

第6节 道德焦虑——我用道德绑架了自己

苏轼在《石苍舒醉墨堂》中写道:"人生烦恼识字起。"虽然这句话有些偏颇,但也有一定的道理。人不是电脑程序,人的成长也不是按照某种流程完全设计好的。根据家庭状况、生活环境、平时接触到的人、阅读的文艺作品等,每个人的思想都会有很大的不同,而思想的不同又影响着每个人的一举一动。

我们把驱动人们行为模式及思考模式的因素总结为"三观",即世界观、价值观和人生观。实际上,根据对事物的不同看法,还有很多不同的观念。此外还有道德观,决定了我们的道德意识和道德水平。

接受过正确的教育、有正常三观的人,同样有正常的道德水平。道德水平不是绝对值,它会根据每个人的经历不同而相对不同,这就是在面对同一个问题是否道德的时候,人们会发生争论的根本原因。

绝对的道德是非常理想的状态,而现实往往不存在这种理想状态。

在某些情况下,为了达成自己的目的,不小心,或者被迫突破自己的道德底线,让自己的道德水平低于平时的水平,那么我们就成了自己心中的"坏人"。这时,焦虑就会找上门来,对自己的内心进行"拷问",由此形成道德焦虑。

李丹出生在一个单亲家庭,与父亲相依为命。因此,她性格内向,没什么朋友,中学的时候也曾被同学霸凌。但是,这并没有让她变成一个内心阴暗的人。越是承受过痛苦，就越不想让其他人有和自己同样的遭遇。长大以后的李丹为人诚恳、正直、热情大方，想要把温暖带给每一个她认识的人。

在步入社会以后，李丹先后换了几份工作，最后成为某名牌橱柜的销售人员。对于行业内的种种乱象，她非常看不惯，把产品说得天花乱坠，不如介绍最合适的商品给客户。她认为自己真诚地对待别人，同样能成为一名出色的销售人员。

但是，现实总是残酷的，李丹比其他同事更加努力，但也仅仅只能维持在不垫底的水平上。眼看着其他人付出的努力没有她多，却能靠销售技巧卖掉一套又一套橱柜，她开始有些着急了，也有些嫉妒，甚至开始怀疑自己的坚持是否正确。

有一次，李丹向一对新婚夫妇推销橱柜，眼看男主人就要点头了，女主人突然问道："你们的售后服务怎么样？比某品牌包退换的时间更长吗？出了问题上门维修方便吗？"

李丹差一点就说："我们的售后绝对是业内最好的，包退换的时间也比其他同行更长，出了问题维修人员随叫随到。"但她知道这不是真的。他们品牌的产品不错，但售后服务却很不理想，流程很长而且还很烦琐，受到许多客户的诟病。李丹挣扎了一下，还是把实话告诉了对方。这对新婚夫妇又商量了一下，最后告诉李丹他们不打算购买。

这一天过去，李丹更加沮丧。夜里，她开始反思，当时怎么能生出与自己信念完全相反的念头，怎么会想要说出那些不诚实的话，怎么会想要通过花言巧语获得订单。

从那天开始，李丹焦虑了起来。因为她认为自己正在改变，正在成为自己过去最不齿的那些人。因此，无论自己做了什么，说了什么，夜里都要再审视一遍，保证自己的信念不动摇。几个星期以后，她发现自己的睡眠越来越少，精力越来越不足，焦虑情绪越来越严重。

　　李丹的情况，就是道德焦虑的一种。道德焦虑，往往不会发生在那些道德水平较低的人身上。道德水平越低，道德意识就越稀薄，能触犯道德底线的行为就越少。而那些道德水平较高的人，在日常生活中很容易遇到违背自己道德意识、触碰道德水平底线的事情。也就是说，对自己要求越严格，就越容易陷入道德焦虑。

　　道德焦虑的本质是自己对自己产生怀疑，认为自己做的事情与自己的认知相冲突，因此产生自卑感、羞耻感，或者罪恶感。会产生道德焦虑的人，不是站在道德高处批评别人的人，也不是将道德当作武器攻击别人的人，他们用道德约束自己，而非他人。

　　任何事情都有限度，约束自己的行为，能让自己成为真正高尚的人，避免做出伤害他人的行为。但过于严格，甚至不允许自己在道德层面上有任何瑕疵，那就会产生道德焦虑。

　　的确，生活中有许多无奈，人生中有许多不顺利，工作上也会遇到一些不公平的事情，让我们觉得处处受阻。但是，想要做真正优秀的人，高尚的人格是不可或缺的。

　　可以用道德约束自己，但不能用道德绑架自己。当过于沉重的束缚已经成为负担，成为焦虑的来源时，要采取正确的方法自我调节，给自己一些喘息的空间。

第二章

学会和"有益焦虑"和谐共处

> 辩证法告诉我们,所有的事物都有两面性。焦虑带来的影响也并非都是负面的。当焦虑被控制在一定范围内时,就能帮助我们提高行动力,这样的焦虑属于有益焦虑。试着和有益焦虑和平共处,让它变成我们前进的动力吧。

第1节　哪些焦虑是必要的、有益的？

焦虑是一种负面情绪，这是人们的共识，无需辩驳。但是，辩证地看事物，就会发现事物存在两面性。焦虑作为一种负面情绪，带来的影响不仅是负面的，有时还能起到正面作用。有些焦虑是有益的，在人的成长过程中能起到正面的作用。

从远古时期，人们就在焦虑中前进。食物的数量、周围强大食肉动物的数量都与生存息息相关。那么，获得更多的食物，更安全的生活环境，就是远古时期人们焦虑的问题。正是因为存在这样的焦虑，人类才能不断地前进，社会才能不断地发展。

那么，哪些焦虑对我们来说是必要的呢？哪些焦虑是对我们有帮助的呢？适当的广泛性焦虑和强迫性焦虑，能够帮助我们成长。

广泛性焦虑是最常见的，几乎每个人都曾经历过广泛性焦虑。在广泛性焦虑的作用下，人们经常会出现对事物过度担心的症状。这种担心往往是没有必要的，会对我们的生活、工作以及生理情况产生不良影响。

沈华并不是容易被焦虑困扰的人，但是，在大学毕业以后，他第一次切身感受到了焦虑。沈华的家境还算不错，父母对他的要求也不太高，只要能自己养活自己就可以。沈华一直认为父母小看了自己，不就是自己养活自己，堂堂七尺男儿，还弄不到一口饭吃？于是，他向父母夸下海口，大学毕业后家里只需要给他三个月的最低生活保证，之后就可以等着他孝顺父母了。

刚刚走出校园的沈华自信满满，因此在找工作时挑三拣四，离住处太远的不行，职位不合心意的不行，上升空间不够的不行……一个月过去了，他并没有得到心仪公司的面试机会。而那些邀请他去面试的公司，也因为他挑剔的要求和傲慢的态度，选择让他"等电话通知"。

由于过度自信，仅仅一个月沈华就把三个月的生活费花得一干二净。眼见生活无以为继，他只好厚着脸皮向父母求助，希望父母能再给他两个月的生活费。父母自然是痛快地答应了，但在这个过程中，对他进行一番"教育"也是难免的。

又过了两个月，沈华面试了几家公司，虽然放下面子降低了要求，但还是不顺利。眼看合适的机会已经快没有了，自己还没找到工作，难道真的要选一家自己不喜欢的公司，或者找一份自己并不喜欢的工作？

两个月以后，沈华还是没找到工作。走投无路的他只好再次拨通了父母的电话，这一次，他在电话里赌咒发誓一定会成功，希望父母能再给他两个月的生活费，还向他们保证自己这次是借款，很快就能还给他们。

从背上债务的那天开始，沈华就开始焦虑。在他看来，无论如何这都是最后一次向家里伸手要钱。如果两个月还是没找到工作应该怎么办？带着这样的压力，他获得了前所未有的行动力。

每天晚上，沈华都会打电话给同学，浏览各种求职网站，寻找适合自己的工作。白天，一边等电话，一边找按日结算的兼职工作，这样即使没找到工作自己也能多支撑一段时间。

几天后，沈华的学长帮他争取到了一个机会。那是一家非常知名的国际公司，很少招聘应届毕业生。学长和领导谈了很久，才得到这个机会。但是，公司的要求非常严格，和沈华一起进公司的六个人，最后只有一个能通过试用期。

　　这对沈华来说无疑是个考验,他刚刚步入社会,无论是为人处世还是工作经验,都远远不如那些已经工作几年的人。因此,找到工作并没有让焦虑消失,反而加重。为了能成为这六个人中唯一的胜利者,他几乎把所有的心思都用在了工作上。白天他一边工作一边学习,晚上就向学长询问白天积累的问题。就连睡觉之前,满脑子都是应该如何做好工作,如何与办公室里的其他同事打好关系。

　　实习期马上就要结束了,沈华的焦虑也几乎达到顶峰。最终他在六个人中脱颖而出,获得最终的胜利。回忆起这段往事,沈华不得不承认,没有那份焦虑感,凭之前的态度是绝对没有办法在竞争中取得胜利的。

　　放过自己,原谅自己,是缓解焦虑的好办法。但是,一味地放过自己,往往起不到好作用。就像沈华一样,家境不差的他,可以让父母多支持自己一段时间,慢慢地找工作。但心态不转变过来,可能就会失去很多好机会。

　　强迫性焦虑,同样能为我们的生活和工作提供帮助。强迫性焦虑的一个重要表现,就是在做事情时有较高的要求,如细节要完善,结果要完美。如果事情始终没能达到完美的程度,就会产生焦虑感。

　　追求完美,的确会花费更多的时间与精力,但对于生活和工作来说,适度的追求完美显然能够避免失误的出现,并提高成功率。当然,不必事事都追求完美,在有些事情上花费时间与精力是值得的,而有些事情则没有必要。要把这种强迫性用在正确的地方,才是有意义的。

　　焦虑作为一种情绪,对我们的人生还有警示作用。当面对一件没有完成的事情而感受到焦虑,说明你对这件事情没有完全的把握,需要做更多的准备,从而让自己获得更多的提高。

焦虑能将危险情绪放大，可以让人们趋利避害。开车时产生焦虑情绪，会让注意力更加集中，避免这个时候接打电话、走神的情况出现。在身体不适时出现焦虑，也能促使人们在第一时间关注自己的健康状况，避免发现病症的时候治疗难度扩大。

具有持续性、无法缓解的焦虑对身心有害，但适度的焦虑在某些情况下具有积极的意义。在感到焦虑时，不要过于紧张，不要总想着要马上解决焦虑问题。只有在引发焦虑的事件源已经被解除后情绪依然还无法缓解，或已影响到正常的生活、学习与工作时，才需要更多关注，并及时对情绪进行调整。

第2节　高焦虑≠高行动力，无焦虑=低行动力

人们常常将焦虑和行动力挂钩，很多人有"压力越大，动力就越大"这样的想法。焦虑的确可以与行动力挂钩，但挂钩的方式却和人们想象的不同。焦虑是一种负面情绪，需要进行管理。高焦虑并不等于高行动力，但是没有任何焦虑，那么很难有足够的行动力。

许多人并不能理解，为什么高焦虑不等于高行动力，尤其是因为现实产生的焦虑。我们有那么多没有解决的事情，有那么多不完善的地方，不应该赶快行动起来做些什么，以便缓解焦虑的情绪吗？话虽然这么说，但实际上高焦虑的人不仅不能获得高行动力，反而会因为过多的焦虑而陷入濒临崩溃的状态。

年届三十的高磊曾遭遇过高焦虑的情况。当时他正处于人生的低谷，距离上一次加薪刚过去不久，下一次加薪还遥遥无期；收入勉强算够，但妻子快要生产了，眼看家庭支出要增加一笔；父母的身体越来越差；自己的私人时间越来越少。似乎无论从哪个角度来看，情况都很糟糕。

遭遇重重危机的高磊，不可避免地进入高焦虑的状态。这样强大的压力，在许多人的想法中，应该给予他更加强大的动力。他有丈夫、儿子、父亲三重身份，无论从哪个角度出发，他都应该更加努力，为家人谋求更好的生活。

高磊也明白这一点，而机遇马上就来了。公司准备派一名年轻员工

去参加学习，从以往的经验来看，能获得这次机会的人，学习归来以后职位会在短时间内获得升迁。高磊年纪轻轻，头脑灵活，也为公司做出过贡献。显然，他有资格竞争这个宝贵的名额。

在这段时间里，高磊计划通过学习和更好的表现争取这个机会。他用自己当前的处境鞭策自己，告诉自己赢得这次机会，是走出低谷的最佳办法。但是，焦虑变成了他最可怕的敌人。他难以集中注意力，不能全身心地投入到工作和学习中去，心情总是处在莫名的烦躁之中，脑海里想的也都是自己遇到的困难。

结果，高磊当然没能获得这次机会。反而因为焦虑带来的种种问题，让他的工作水平直线下降，还因此受到了批评。

梅子的情况与高磊很相似，但也不完全一样。梅子刚刚从家里搬出来，拥有了自己的小天地。这本该是件开心的事情，但种种琐碎的问题却找上了她。梅子搬出来最主要的原因就是工作繁忙，而公司距离家又太远，每天都要花费大量的时间在通勤上，不如搬出来住。

结果，把东西搬到租住的房子里以后，问题就堆成了山。梅子租的房子比较老，水电要检修，宽带要重新办理，卫生要全面打扫，还要添置一些日常用的家具。要自己煮饭就要购买锅碗瓢盆，卫生间里那个半年没人使用的热水器也坏了……

需要做的事情那么多，梅子的工作又那么忙，根本没有时间一件件去解决。等到有时间时又发现这些事情千丝万缕，根本很难从中找出头绪来。梅子变得越来越焦虑，而事情因为没有解决却越积越多。

一个月以后，梅子没有把房子的问题处理好，甚至从家里打包带出来的东西都没有打开过。焦虑不仅没能让她产生强大的行动力，反而让她患上了严重的拖延症。

高焦虑能不能带来高行动力？以上两个例子就能说明这个问题。高焦虑并不能带来高行动力，人不是钢铁机器，并不是有了想法就能坚定地执行、实施。生理上的不健康对执行力的影响显而易见，想要写一篇报告，肩周炎发作，疼得不行，工作进度自然快不了。

　　心理层面的不健康对人的影响同样巨大，但却经常被人们忽视。身体健康自然就能好好完成任务，许多工作并不是机械劳动，而需要动脑思考。一旦心理健康出现问题，身心受到损伤，无论是思考能力、专注能力还是记忆力都也会受到影响，行动力也会大幅下降。

　　最主要的表现就是高磊的遭遇，脑子里塞满了事情，导致注意力不能集中，无论做什么都不能持之以恒，效率自然无法提高。梅子的情况是高焦虑的另一种表现，事情越多，越是乱成一团，越难以理清头绪找到解决问题的办法，从而变得更焦虑。焦虑和困难不断累积，最终只能选择"破罐子破摔"，干脆放下什么都不做，这样还可以轻松一些。

　　那么，无焦虑就一定好吗？辩证来看，无焦虑同样存在问题，有时无焦虑产生的影响和高焦虑十分相似。

　　没有焦虑感，也就缺乏前进的动力。工作紧张吗？只要没有压力，没有更高的追求，完成手头的事情就好。生活压力大吗？只要不追求更好的生活，更多的享受，仅仅维持现状，那就不需要做任何改变。无焦虑，行动力会因此下降，最终出现"当一天和尚撞一天钟"的情况。

　　"人无远虑，必有近忧。"人人都会有遇到困难的时候，准备危机预案，为自己的人生上个保险总是没错的。但是，无焦虑的人总是缺乏动力去准备危机预案，当自己的生活环境、习惯的状态遭遇较大变化时，会不知所措，只能随波逐流。

　　高焦虑和无焦虑，都不是最好的状态。情绪管理，不是要消除负面情绪，只保留正面情绪，而是要学会将各种情绪保持在对我们有益的状态上，将这些情绪当作驱动力，督促自己朝着更好的目标前进。所以，只有正确地认识焦虑，让焦虑保持在最合适的区间内，才能激发我们不断向前走。

第3节 有益焦虑也经不起"联想"

想象力是人类最伟大的能力，想象力能让我们跨越时间与空间的限制，去到那些自己永远到不了的地方，做自己永远都做不到的事情。正面的想象对于焦虑是有益的，对于有些人来说，想象力是逃避现实的方式，当他们陷入困境，遇到心理危机时，就会利用想象力把自己置身于最舒适的环境之中，缓解焦虑和痛苦。但有些时候，即使是有益焦虑的想象力，对于焦虑会起到相反的作用。

有益焦虑大多与现实相关，通过对未来的不确定性和对现状的不满促使自己迸发出强大的动力，使自己取得更大的进步或者让自己所处的环境变得更好，更安全。但是，想象力的可控具有一定的局限性，一旦想象力脱缰、失控，就会形成可怕的漩涡，让人越陷越深。

原本在想象之中遭遇的困境，会造成不可挽回的可怕后果，随后不断叠加，越来越严重，人也会随之失控。

张明在机关单位上班，工作轻松，收入稳定。他的妻子和自己是高中同学，两人相知、相爱十多年，很少吵架。他的父母身体健康，两个女儿活泼可爱，他的生活非常幸福美满。但是一次生病，险些把他所有的幸福敲碎。

近一段时间，张明觉得身体有些不适。他经常咳嗽、胸闷，有时还觉得全身无力。正好单位组织体检，他决定再忍忍，等到单位组织体检的时候再检查，免得多花一份钱。

张明每天都吃止咳药和抗生素，想借此减轻病症，他想着没准吃药就能好。但两天以后，情况不仅没有好转，反而有加重的趋势。张明有些惊慌，于是打开搜索引擎，开始搜索自己的症状，搜索的结果多种多样，按照轻重程度不同，有的显示是肺炎，有的显示是肺癌。

如果是肺炎还好，现在的医学技术很发达，用不了多久就能治好。但如果是肺癌呢？他和妻子都是独生子女，妻子的收入不高，难以支撑两个家庭。家里虽然小有积蓄，但如果父母、妻子知道他患上了肺癌，一定不会放弃治疗。这些钱拿来治病，恐怕也是杯水车薪。

接下来的几天里，张明的联想越来越多，越来越远。他想到了妻子不得不一边工作一边兼职维持生计的辛劳；想到了父母因为他的离世而满怀悲伤，身体越来越差；想到了女儿因为没有父亲被其他孩子欺负……

越是联想，就越是焦虑。越是焦虑，就越是忍不住想得更多。张明偷偷地哭过，更是不止一次想过赶紧自杀把积蓄留给妻子，至少还能多支撑这个家庭一段时间。

在这段时间里，张明明显消瘦，做什么都心不在焉，工作上屡屡出现失误。在他被扣光了奖金以后，领导终于忍不住了，告诉他如果再出错，就离开岗位。就在他打算写遗书留下遗嘱的时候，单位的体检报告出来了，是肺炎而不是肺癌。

生命是顽强的，在某些特殊情况，人体能爆发出超乎想象的潜能，艰难地求生。生命又是脆弱的，即使没有太糟糕的情况发生，人也能通过想象力在短短几天压垮自己。

适度的焦虑是有帮助的，一旦焦虑通过联想开始膨胀到无法掌控的程度，那就不是有益焦虑了。想象力难以控制，当我们发现想象力开始失控，焦虑开始失衡的时候，要怎样做呢？明白以下三个道理可以避免有益焦虑通过联想走向可怕的一端。

第一，事情的确有最坏的一面，却不总是能出现在我们面前。

将最坏的结果计算进来，的确能够保证成功率。但我们真的一定就能遇到最坏的结果吗？显然不是。

最坏的结果和最好的结果都是小概率事件，我们将其列出，只是为了进行更全面的准备，为成功增加多重保障，而不是一定会遇到最坏的结果。在进行联想时，忽视无数种能够接受的可能性，将最坏的状况当成假设的结果，必然会增加自己的心理压力，让焦虑越来越严重。

与其把最坏的状况作为联想结果来制订方案，倒不如计算一下各种结果可能出现的概率，将最可能发生的那一种当成联想的答案，这样既能减轻自己的心理负担，避免过度焦虑，又能提前做好准备，让事情的发展更加顺利。

第二，联想只是联想，一戳就破。

可能发生的事情和将要发生的事情并不是一回事，联想的走向既然已经失控，为什么不亲自试试，亲眼看看事情的走向呢？

许多青年男女在恋爱时经常会陷入糟糕的联想，"他为什么还不回我的信息""他这么晚还没回家是不是在外面玩"，越联想，越会得出一些糟糕的结果，有时还会升级为"他一定是不够在乎我，不够爱我"，由此陷入伤感失落或抱怨的情绪里，导致自己焦虑不堪。

想要了解事情的走向并不困难，有时甚至在几分钟以后就能得到答案。过多的联想会导致过早的焦虑，越是不去戳破联想的气球，联想的气球就越会无休止地膨胀。当我们开始行动起来去寻求真相的时候，气球马上就会被戳破，事情的真相就会呈现在眼前。与其盲目的焦虑，不如行动起来去寻找真实的结果。

第三，想象就是想象，即使将来会变成现实，现在也还是想象。

通过某种表象，对事情未来的走向进行联想是很正常的。但是，无论联想多么完美，多么真实，也仅仅存在于想象之中，并不是真实的。

将联想当成是真实的情况，这种举动是没有道理的。久而久之，不仅会增加焦虑，甚至还会演变成妄想症，成为真正的心理障碍。

联想应该适可而止，无休止的联想并不能真正起到未雨绸缪的作用。联想出未来的两三步发展，对人生来说是有意义、有帮助的，这样的超前意识应该提倡。但联想太多、太远，就会逐渐脱离现实，这时联想就是没有意义的、有害的。因此，联想要适度，不能因为联想打破焦虑的正常限度，让有益焦虑转变为有害焦虑。

对短期未来的联想，是有意义的、有帮助的。对长期未来的联想则会逐渐脱离现实，带来焦虑。

第4节　如何解除焦虑"警报"

在前文中，我们提到了寻找焦虑根源的方向，如果细心观察就能发现，焦虑总是与恐惧脱不开关系，我们或是因为恐惧而产生焦虑，或是用恐惧来表现焦虑。恐惧是一种负面情绪体验，出现恐惧，往往意味着距离危险不远了，尤其是这种危险可能无法解除，我们缺少应对能力。

恐惧是人们要面对的最高等级的负面情绪，因此在恐惧出现时，就会在脑海中拉响警报。拉响警报之后，如果没能及时消除恐惧，解决问题，焦虑就会随之而来。可见，之前拉响的警报，并不仅仅是为了提示恐惧的到来。

恐惧经常影响人们的情绪，但在实际生活中，真正带来恐惧的事情却很少。所以，当警报拉响以后，要面对的不是恐惧，而是恐惧之后无休止的焦虑。因此，我们不会将这种警报称为恐惧警报，而是焦虑警报。

恐惧并不是焦虑警报被拉响的唯一原因，当焦虑超过一定水平，对我们的身心就会造成不良影响，甚至在我们的工作、生活无法正常进行时，焦虑警报也会拉响。只有将焦虑保持在一定范围内，才是有益的。

在现实当中，我们还会遇到很多警报，任何一种警报都不应该被忽视。因为只有出现特殊情况时，警报才会被拉响。心理层面的警报，同样应该立刻将其解除，任由警报声在脑海中回荡，只能让情况越来越糟。由恐惧引发的焦虑警报，往往很难找到恐惧的根源，根源找不到，问题就无法解决，焦虑也会不断攀升。这样的恐惧情绪引发的焦虑警报，可以看作是一种假警报。因为引发恐惧的并不是现实当中存在的事物，而是来自我们的想象力——我们的大脑。

"不祥的预感"，经常会莫名出现在我们的大脑里。这种预感往往会与我们自身的不顺利，亲人、朋友身上发生的糟糕事件联系起来。这是一种本能，无数灵异故事、民间传说中也是这么描述的。"心血来潮"这样古老的成语，似乎从某种角度上，也印证了"不祥的预感"就是将有不好的事情要发生。

也许有很多依据告诉我们有"不祥的预感"时一定会有坏事发生，但是从来没有哪一种依据是真正科学的，真正能够被验证的。但是，人们相信这种突如其来的感觉，相信这种莫名其妙的恐惧。这时，焦虑警报就被拉响了。

"倒霉的会是我吗""是不是我那个项目失败了""应该打个电话给家里，看看是不是大家都还好"。当这些"不祥的预感"出现之后，进入脑海时，焦虑就随之而来，尤其是那些威胁比较小的麻烦并没有出现，而是一件件被排除时，焦虑就会攀升到顶峰，毕竟小的问题没有出现，大的问题可能就要来了。

出现"不祥的预感"，最终的结局是什么呢？大多数时候都会以无事发生而告终。人的记忆并不是无限的，担心也不是无休止的。等到出现"不祥的预感"一事被渐渐忘却时，焦虑就会消失。当有意外出现，并且巧合地与出现"不祥的预感"的时间恰巧一致时，也是焦虑消失的时候。未知的才是最可怕的，当威胁的面纱被揭开，就只需要解决问题。既然"不祥的预感"已经应验，那就说明不会再有不好的事情发生了。

人类的大脑非常复杂，恐惧也并不像人们想象的那么显而易见。有时，恐惧只是短暂的心慌、莫名的烦躁、心情突然的急转直下。这时，拉响脑内警报的往往不是重要的事情，可能是眼前某个画面触动了潜意识中不愉快的回忆，也可能是与危险有联系但却没有被注意到的微小的声音。

想要找到警报被拉响的根源，只需要回忆在恐惧到来时，究竟发生了什么，大脑到底接收了哪些没有被我们注意到的信息。当我们找到根源时，警报也就解除了，焦虑也会随之消失。

还有一种焦虑警报，是因为焦虑的程度太高造成的。适当保持焦虑，有益于提高行动力，在进行某项工作时更加注重细节，减少意外出现的概率。但焦虑程度太高，就会无限联想，总是处在焦躁不安的状态，注意力也不能集中。所以，当焦虑的程度影响工作和生活时，就应该及时降低焦虑水平，解除焦虑警报。

这种焦虑警报相对由恐惧引起的焦虑警报更好处理，我们有许多降低焦虑的方法。例如，马上开始行动，解决那些悬而未决的问题；做一些让自己身心放松的事情，给自己放几天假，远离焦虑的根源；让自己忙碌起来，转移注意力。

这一步的重点不在于如何去解除焦虑警报，而是提高对焦虑警报的警惕性，及时注意到焦虑警报的出现。

那么，有哪些表现能够判断焦虑警报已经出现了呢？当逃避、拖延、失眠出现时，说明焦虑警报已经出现。

第一，逃避。

逃避的确能够避免焦虑的爆发，属于远离焦虑源头的一种缓解方式。但是，焦虑的源头始终存在，那么下一次焦虑水平就会更早积累到报警状态。所以，当我们已经无法正视焦虑源头时，就说明应该尽快解决问题。第一次逃避可以用来恢复状态，但是再一次出现焦虑时，就不当焦虑的情绪已经让自己的身体发出警报时,可以短暂地脱离城市,置身于自然,缓解紧张的心情。

能再次逃避。

第二，拖延。

能解决的问题为什么不马上解决呢？拖延的出现本身就证明我们对解决问题没有十足的信心，已经拉响焦虑警报。越是拖延，用来解决问题的时间就越少，状态就越差，失败的概率也就越高。因此，当我们开始拖延那些过去很容易就能解决的问题时，就应该警惕起来，精神上的焦虑和能力上的不足都已经出现预兆。

第三，失眠。

失眠是一种非常影响健康的问题，无论身体多么疲惫，眼皮多么沉重，躺在床上辗转反侧，但是仍然无法进入睡眠状态。长期失眠得不到缓解会严重影响我们的身心健康和精神状态。失眠意味着身体得不到足够的休息，消耗掉的精力得不到及时补充。处于失眠状态的人，在精神状态不佳时，做出的决策或行动，都有可能偏离预期。

当焦虑处于较高水平时，失眠就很容易出现。最典型的情况是做好了一切准备，像往常一样躺在床上，脑海中却总是会跳出一些糟糕的情况。小问题会在睡前的思索中变成大问题，原本没有麻烦也会因为莫名的思考角度出现问题，导致整个人不得安宁，始终无法入睡。

有人认为失眠就是思考得太多，总是把事情想得太坏。其实并非如此，当这些问题出现在我们的大脑中时，就说明焦虑已经到达拉响警报的水平。至于脑海里出现的那些糟糕的事情，也是导致失眠的根源。

第5节 评估"焦虑值"的方法

想要利用好焦虑，让焦虑变成对我们有用的情绪，就必须将焦虑保持在合理的水平上。在这种情况下，合理评估自己的焦虑水平是非常重要的。我们可以用数值来代表焦虑水平，即"焦虑值"。

有人可能会生出疑问，焦虑也可以量化吗？是的，焦虑不仅可以量化，还可以通过生理和心理分别进行量化。

自主神经系统是脊椎动物特有的末梢神经系统，不受意志支配，有调控情绪的作用。根据不同的情绪，自主神经系统也会有不同的反应，一旦受到过于强烈的刺激，就会进入紊乱状态。

自主神经系统紊乱，会出现心跳过速、尿频尿急、血压升高、大量流汗、发抖、失眠等症状。这些症状，是过度焦虑时会出现的症状。医院在进行检查时，会根据自主神经系统的活动水平得出一个数值，这个数值就与焦虑程度息息相关。人的自主神经系统活动水平高，就说明这个人有可能处在较高的焦虑水平中。

除此之外，高度焦虑在生理上还有许多其他的表现，如经常性的头晕、头疼、呼吸困难，胸闷，四肢出现抽搐、麻木，消化系统不能正常工作等。

人们很难准确地从生理表现上评估自己的焦虑值，主要是因为现代人缺少足够的运动，经常处于亚健康状态，而头晕、胸闷、消化不良、精力不足等表现，都是身体处于亚健康时会出现的症状。这时，我们的第一反应是自己太久没有运动，身体状态下滑，而不是因为焦虑产生的种种不良反应。

除了生理上的表现外，焦虑在心理上同样也有大量的表现，如沮丧、自卑，心绪不宁，莫名恐慌，总是感觉要有不好的事情要发生等。心理上的表现比生理上的表现更加明显，但在测量焦虑值时，心理因素却很少作为参考标准。为什么会出现这样的情况呢？小彬的遭遇能很好地解释这一点。

小彬是一家互联网公司的员工，收入非常不错，这让他的同学十分羡慕。但是，只有小彬自己知道，他的生活并没有别人想象的那样光鲜亮丽。小彬一周至少要工作六天，经常加班到深夜，项目赶进度时，一连几天睡在公司也是常事。

每当遇到项目赶进度时，小彬就会觉得自己难以坚持，他无法集中注意力，总是对工作患得患失，生怕出现问题。小彬手头的工作结束一个阶段，就要检查一遍；工作刚刚完成，还要从头再检查一遍；等到要上交时，还要进行第三遍检查。虽然每次检查的结果都大同小异，但如果跳过检查这一步骤，一直到项目完成之前，他都会坐立不安。

相比之下，和小彬在同一组的张伟就要好得多。即使是在最忙碌的时候，张伟也好像没事人一样，看不出有任何焦虑的样子。大家都睡在公司，张伟就好像在家里一样，晚上睡觉前穿着睡衣睡裤，搭上毛巾就去洗脸刷牙。而小彬即使已经多次睡在公司，仍然要花费很长时间去适应。

张伟工作时的状态同样非常好，他总是戴着耳机，一边听音乐一边工作。听到有趣的地方，还会旁若无人地笑出声来。小彬认为张伟的工作效率一定不会太高，如果张伟的工作进度和其他人一样快，那也一定会漏洞百出。这样吊儿郎当的态度，要是也能工作好，自己那么认真紧张，到底算什么呢？

实际上，张伟的工作效率要比小彬高许多，虽然在完成细节上不如小彬，但也没有拉开明显的距离。这样的情况让小彬非常疑惑，难道忙碌的工作，陌生的环境，都不能让张伟有一点紧张的感觉吗？

小彬实在忍不住，把自己内心的疑问告诉了张伟，得到的答案和他想象的完全不同。张伟告诉小彬，他也会紧张，也会焦虑，也会因为担心出错耽误项目进度。但是，这种焦虑并不会一直持续下去。他在工作时听音乐、相声，或者其他一些无关紧要的内容，其实就是在排解焦虑。需要动脑的时候，即使错过了播放的内容也没关系。而在进行重复性强的工作时，就依靠播放的内容来缓解焦虑。

解决了焦虑问题，早上醒来就会格外清醒，心情也会变得豁达起来。在工作时更能集中注意力，工作效率自然就提高了。

听了张伟的话，小彬茅塞顿开。原来自己效率低，总是感觉不适的原因是焦虑，他也开始寻找减轻压力的方法。小彬尝试过和张伟一样听音乐，在桌子上养绿植，在感觉疲惫时给绿植浇水，也尝试过一些网红解压玩具，或者常备一些零食。

小彬使用了所有他能在办公室使用的缓解疲劳的方法，但都没有起到太大的作用。焦虑仍然没有得到缓解，直到项目结束，好好休息了一个周末后才恢复过来。

人与人之间的差异非常大，即使年龄相仿、受教育程度相近、做同一份工作的人，在面对焦虑时也会有完全不同的表现。有些人很容易积累焦虑值，容易受到焦虑的负面影响。而有些人则不容易积累焦虑值，能够真正做到"泰山崩于前而色不变"。有些人拥有快速排解焦虑情绪的能力，当他们触发焦虑警报以后，能通过一些简单的手段，快速恢复到正常状态。而有些人只有真正放松下来之后,才能走出焦虑的困境。

从心理层面上来说,焦虑值反而更难估算出准确的数值,毕竟并不是每个人都有快速缓解焦虑的能力。所以,以生理表现来判断是否存在焦虑问题更加准确。

如果你正处在焦虑之中,不妨用焦虑度自评表(见附表)自测一下。如果焦虑值太高,就要尽快降低焦虑值,解除焦虑警报。

附表:焦虑自评表

编号	内容	1分:很少有	2分:有时有	3分:大部分时间有	4分:绝大部分时间有	得分
1	感受到比往常更加神经过敏的焦虑					
2	无缘无故感到担心					
3	容易心烦意乱或感到恐慌					
4	感到身体好像被分成几块,支离破碎					
5	感到事事都很顺利,不会有倒霉的事情发生					
6	四肢伴有震颤					
7	因头痛、颈痛和背痛而烦恼					
8	感到无力而且容易疲劳					
9	感到平静,能安静坐下来					
10	感到心跳较快					
11	因阵阵眩晕而感到不舒服					
12	有要晕倒的感觉					

续表

编号	内容	得分 1分：很少有	2分：有时有	3分：大部分时间有	4分：绝大部分时间有	得分
13	呼吸时进气和出气都不费力					
14	手指和脚趾感到麻木和刺激					
15	因胃痛和消化不良而苦恼					
16	必须频繁排尿					
17	手总是温暖而干燥					
18	觉得脸发烧发红					
19	容易入睡，晚上休息很好					
20	经常做恶梦					

评分说明：

1. 20项中15项为负性陈述，1～4分正向计分；5项为正性陈述，4～1分反向计分；

2. 20项总分之和为粗分，粗分×1.25=标准分；标准分50分为划界分；

3. 50～59分为轻度焦虑，60～69分为中度焦虑，70分以上为重度焦虑。

结果仅供参考，如需帮助，请咨询专业心理医生。

第三章

溯源有害焦虑

> 在实际生活当中，能够引发焦虑的事物实在太多了。想要解决焦虑困扰，就必须要找到源头。或许我们曾经引以为傲的观念、一直努力的方向、独特的生活方式，都是滋生有害焦虑的温床。

第1节　焦虑者最常见的价值观——追求绝对化完美

完美是一种理想状态，是把过程和结果都纳入掌控之中，完成所有的细节，让一切都无懈可击。追求完美，往往被看作是积极向上的标志。那些不断前进，精益求精，向着更高处的人总是能赢得人们的敬佩。

从心理满足的角度来看，追求完美是滋生焦虑的温床。追求完美的人永远比真正能达到完美的人更多，没能达到完美的人就会受到焦虑的困扰。那么，追求完美真的有必要吗？

追求完美当然是有必要的，如果没有追求完美的勇气和态度，无论做什么都敷衍了事，那么只能在接触更高难度的问题时才能进步。一旦受限于环境、机遇，无法得到提升，那么在接触到更高层次的问题时，进步就会停止。

凡事都有其限度，追求完美也是一样。事物在每个阶段都有自己的发展历程，我们通过努力让某个阶段变得完美无瑕。但想要获得最终的完美，获得绝对的完美，几乎是不可能的。

小颖在上高中时情窦初开，喜欢上了隔壁班那个篮球打得很好的男孩。他高大、帅气、阳光，总是活力充沛，只要一有闲暇，就会在篮球场上挥洒汗水。每到这时，小颖就会坐在篮球场旁观看。她尝试与那个男孩交朋友，一段时间以后，在她心中完美的男孩形象开始变得不完美了。她不喜欢男孩运动之后身上散发出的味道，也不喜欢无论什么时候，男孩总是想着打篮球。

小颖开始焦虑起来，自己喜欢的对象怎么能是不完美的呢？于是她陷入了难熬的焦虑之中。她想要改变那个男孩，但男孩选择了篮球，终结了这段友谊。

刚刚走进大学，小颖又有了新的完美目标，一个诗歌社团的男孩。那个男孩皮肤白皙、样貌清秀、声音温柔，脸上总是带着微笑。小颖认为，书上写的谦谦君子，就该是这个样的。于是，一段时间后小颖成了他的女朋友。

小颖喜欢和他聊天，喜欢听他朗诵那些优美的诗歌。但是，过了一段时间，小颖又觉得男朋友不完美了。她发现这个男孩有些多愁善感，总是会因为秋天的落叶、傍晚的夕阳湿了眼眶。最初，小颖认为喜欢诗歌的人就该是这副样子。次数多了，她就毫不留情地对男朋友打上软弱的"烙印"。

已经打好的"烙印"无时无刻不在折磨着小颖，她生怕男朋友"软弱"的样子被朋友发现，引来嘲笑和议论。最终，她只能选择通过分手来缓解担心和焦虑。

快要毕业时，校庆舞台上一个演唱摇滚歌曲的帅气男孩打开了小颖的心扉。男孩高大、健壮，唱歌时气场全开，俘获了在场许多女孩的心。在朋友的介绍下，小颖走进了男孩的朋友圈，参加聚会、乐队排练、外出游玩，男孩的身边总是少不了小颖的身影。

这一次的焦虑来得更快，小颖发现男孩一切都好，就是脾气太坏。不仅会因为一点儿小事火冒三丈，更是叛逆得听不进别人的任何建议。这是自己喜欢的人，将来还可能是自己的男朋友，怎么能有这么糟糕的一面呢？焦虑促使小颖对男孩进行改造，她打算亲自打造一个完美的男朋友。

没想到，一段时间以后，男孩就当着所有朋友的面对小颖说："你以为你是谁啊？少管我的事。我对你没意思，以后离我远点儿。"

如今，小颖已经走上社会许多年了，仍是单身一人。每次路过中学校园，看到在篮球场上挥洒汗水的男孩时，小颖不禁想道，自己高中时的那个朋友，要是能跟自己谈恋爱该多好啊，毕竟他那么完美。

每个人在人生的不同阶段，面对不同的事物，都有不同的喜好。某件事物在某个阶段可能是完美的，但到了下个阶段也可能会变得不完美。某件事物对某个人来说可能是完美的，但对另一个人来说，则平平无奇。因此，想要给完美下个确切的定义，是不可能的。完美并不绝对，因为自己做得不够完美进而产生焦虑，大可不必。

既然要追求完美，又不能追求绝对的完美，那么，我们要从什么角度去理解完美呢？

"尽我所能，爱我所有，珍惜当下"，这才是对完美最好的理解。我们本身就不是完美的，无论我们有多么强大，有多少才能，也总是有做不到的事情。既然如此，我们又要如何保证自己能够创造、发现、获得完美的事物呢？

为了达到目标，竭尽所能地去创造、去改造，用尽所有的才能和努力，直到没有一丝余地为止。此时此刻，这就是我们所能创造出的最完美的事物。

去发现某件事物的优点，看到它独一无二的意义并珍惜它，将它的每一项作用都发挥到极致。在当前，我们无法创造更好的，无法拥有更好的，那么它对于我们来说就是最完美的。

无休止地追求绝对完美，就好像是猴子掰玉米一样，总是在寻找最好的，最终却一无所获。到了这时，即使只能拥有一点点，都会比一无发现某件事物的优点，看到它独一无二的意义，将它的作用发挥到极致。我们并不需要一直追求完美，我们只要珍惜并不断完善它。这样，它对于我们来说就是最佳的。

所获更加满足，更加完美。

绝对完美，是一个永远都无法达成的目标。追求绝对完美，如同夸父追日，永远在奔跑，永远在煎熬，永远都无法获得成功，焦虑的滋生，也就永远不会停止。想要摆脱焦虑，就要学会接受不完美，学会活在当下。

第2节 焦虑者最抗拒的因素——不确定性

"天有不测风云，人有旦夕祸福"。意外之所以称为意外，就是因为其不确定性。不确定性意味着一眼看不到的结果，意味着未知。而未知，是恐惧的根源，会为我们带来大量的焦虑。因此，焦虑者喜欢那些明白、确定的事物，不喜欢不确定的事物。

没有人愿意接受自己的努力最后换来糟糕的结果，但糟糕的结果出现时，意味着在这个阶段，已经尘埃落定。无论是去补救还是就此放弃，都清楚明白地摆在眼前。不确定性，意味着我们无法确认应该朝着什么方向前进，是应该开香槟庆祝，还是做补救工作。如果是你，愿意选择一个糟糕的结果，还是未知呢？

从理性的角度来看，自然是未知更好。那么，解决不确定性带来的焦虑，应该怎么做呢？那就是看到事物的两面性。

未知的事物总有好坏两面，谁又能知道塞翁失马带来的究竟是什么呢？故事还没写完，谁又能知道是喜剧还是悲剧呢？所以，当我们被不确定性困扰，深陷焦虑之中时，不妨挖掘事情好的那一面。万一结果是好的，甚至超出预期呢？既然不确定，就说明得到好的结果的概率并不低。为此而焦虑，是不是有些莫名其妙呢？

即使前路未知，充满了不确定性，也不需要为此感到焦虑，坚定地走下去才是正确的选择。当我们开始因为不确定性焦虑时，不妨去了解自己真正想要的是什么？自己是否能接受有限事件，还是不确定性的无限事件，如果能找到责任感和使命感，并专注于当前事件的过程，不过度在意结果，那么焦虑情绪就能够得到缓解。因此，不妨用责任感、使命感作为自己的动力，抵消焦虑带来的负面影响。

魏波一直知道，在学习上自己绝对不能停下，这正如逆水行舟，不进则退。今年是魏波第三次参加司法考试，前两次连C证都没能拿到，因此，毕业四年的他还只是"律师助理"。

魏波认为自己的能力不差，从小在读书这件事情上他就没输过，没想到一直在司法考试上栽跟头。他的父母告诉他，要是没考到证书，就回家经营小商店，这让魏波一到考试时就开始焦虑。

司法考试通过，魏波就能从事自己喜欢的行业，在自己喜欢的城市生活。如果不通过，就只能回老家开小商店，度过一生。原本觉得自己至少能拿C证的魏波不确定了。魏波两次报名参加司法考试，但两次都没有走进考场。所以他还是个律师助理，做最琐碎的工作，得到最少的收入。

魏波没想到的是，今年他再也没有逃避的机会，不得不走进考场。因为一场火灾，家里的小商店被烧毁。虽然父母用积蓄重新开了一家，但已经没有余力来支援魏波的生活，母亲更是因为打击对再度经营小商店有些力不从心。

司法考试将决定魏波的命运，如果不通过，他就回家帮父母经营商店，减轻他们的负担。如果通过了，就能有一份稳定的律师收入，让父母不用在经营商店上花太多的时间和精力。前所未有的压力来到了魏波的身上，他整夜睡不着，甚至出现莫名的头疼、头晕，这是过度焦虑的表现。

考试的日期就要到了，魏波的焦虑反而好转了。因为他知道，自己无论如何都要到考场走一遭。不论成败，他都必须承担责任，必须要为这段经历画上句号。他开始集中精力复习，准备万全后，抬头挺胸地走进了考场。

人在有退路的时候，胆子总是要小一些。一旦没有了退路，胆子就会变得很大。因为没有退路，前方的不确定性就失去了意义。"好也要走一遭，坏也要走一遭"。因为不确定性而焦虑时，不妨用使命感和责任感切断所有的退路，告诉自己这是必须要做的事情，必须要经历的事情。

面对不确定性产生的焦虑和恐惧，在开始时，我们会手足无措，止步不前，这是正常的，但却不是理所应当的。未知是恐惧的来源，但未知当中并非只有可怕的事物。在未知当中隐藏着两种"好"的事物，一种叫机会，另一种叫刺激。

人人都想要机会，机会是成功的催化剂，长久以来的积累未必能帮我们直达成功的彼岸，如果再加上机会，就能厚积薄发，取得成功。我们想要机会，别人也想要机会。因此，许多机会就好像是武侠小说里的神兵利器一般，光彩夺目，令人难以忽视。周围的英雄豪杰自然不肯看着宝物落入他人之手，于是一场残酷的争夺、厮杀在所难免。

不确定性则不一样，其中可能隐藏着各种困难，也可能是陷阱，更有可能是人人都想要的机会。既然不确定性已经摆在眼前，为什么不去尝试呢？

因为害怕不确定性而焦虑，因为不确定性裹足不前，只能眼睁睁地错过一些可以尝试并探索自我成长的机会。即使没有得到我们想要的结果，至少我们尝试过了，就不会留有遗憾。在这一过程中，获得的成长同样是成功道路上珍贵的动力，更别说种种不确定性带来的新鲜感和刺激感，更是人生当中难得的体验。这就如同开盲盒一样，正是因为里面的事物不确定，才有人明知道获得大奖的概率微乎其微，也愿意一次次去尝试。

因此，在面对不确定性时，我们不能阻止焦虑的出现，却可以缓解焦虑，学会与焦虑共处。不确定性带来的不一定就是最坏的结果，如果我们足够勇敢，不妨尝试去寻找隐藏在不确定性中最好的结果。如果足够谨慎，也不妨把不确定性的盒子打开一条小小的缝隙，通过一些小小的试探来解除焦虑。

总之，解决不确定性带来的焦虑，最好的办法就是行动。只有身体力行，尽最大的努力去获取最好的结果，才是正确的做法。不确定性就在那里，不去触碰的话，时间越长，焦虑就累积得越多。我们增强了面对恐惧与焦虑的信心，就有勇气去战胜焦虑。

第3节 焦虑者最恐惧的因素——"我被拉开距离"

人的一生就是一场竞争，越来越激烈的竞争导致越来越残酷的环境，为了在竞争当中获胜，人们的各种竞争手段层出不穷，就连在各种组织、团体内部也有非常夸张的竞争。在长期经受成功学文化的浸染下，没有人愿意落后，落后就意味着失败，意味着自己过去在成长中所经历的一切都没有意义。而成为第一名，则是为自己过去的努力交上一份优异的成绩单。

在竞争中取胜的人自然欢天喜地，而在竞争中落败的人，除了垂头丧气外，还会陷入长期的焦虑之中。失败不仅印证了过去的付出是低效的、无用的，更是因为失败将自己与别人之间的差距拉大，在接下来的竞争当中，仍然会有非常大的概率落后。

这种焦虑一旦出现，就会让我们陷入盲目的比较中。别人每天用两个小时学习，我要用三个小时来学习；别人今天考取了一个证书，我就要报名上课去考取两个证书。我们需要去了解这样的比较是焦虑造成的，还是真的是自我内在需要。一味地以外界作为参考，会让焦虑更加严重。

小高从小就是大人口中的"别人家的孩子"，乖巧听话，学习刻苦、认真，每次考试都力争第一，如果得第二名都会沮丧许久。升学的过程，就是不断将优秀的人集中在一起的过程，而高考就是其中最后一环。小高不出意外，考上了心中理想的名牌大学。

到了大学，小高还是想要处处争先，成为那个不可撼动的第一名。但是，名牌大学人才云集，谁都不比谁差，小高想要获得第一名非常困难。在第一个学期的数次考试中，他虽然没有掉出前十名，但也没有得过第一名。因为成绩，小高出现了明显的焦虑症状，心慌气短、失眠多梦、脾气暴躁。

那么，小高的问题出在哪里呢？进入大学后，小高没有再像中学那样总是得第一名，他接受不了自己不再是第一名。小高出生于一个高知家庭，父母、叔伯都有较高的学历，而爷爷奶奶、外公外婆也都毕业于名校。从小他接受的教育就是一定要争第一，只有第一名才是最优秀的。

面对焦虑的问题，小高决定向专业人士求助。而心理咨询师给出的建议是，别让神经绷得太紧，不妨做一些自己喜欢的事情来放松心情。小高的家人都受过高等教育，对于心理咨询师的建议也很支持。小高在咨询过之后，选择乐器、运动和网络游戏来为自己解压。

一段时间以后，小高并没有感觉到放松，焦虑也没有得到缓解。他只能再次求助心理咨询师。小高的情况让心理咨询师很困惑，他想用常规方式来缓解小高的焦虑，但是没想到娱乐也会让小高变得紧张和焦虑。通过了解后得知，即使是玩游戏，小高也要按照父母的要求争第一。

世界上没有十全十美的人，每个人都有长处和短处，真正地认识自己是解决由落后造成焦虑的第一步。

因落后而产生焦虑时，先要确定落后的方向是否是我们在意的领域、我们前进的方向。有些焦虑是毫无意义的，即使落后也不代表比其他人差。例如，有人总是担心自己信息不如别人灵通，担心别人知道的事情自己不知道，因此落后他人，甚至被时代抛弃。

其实，这种焦虑是没有意义的。现在这个时代是信息爆炸的时代，无论什么样的信息，都能通过互联网在第一时间传递到我们的手中。先不说这些信息是真是假，即使是真的，对我们的生活能够造成多大的影响呢？

有些人认为，所有的事物之间都存在着或多或少的联系，根据蝴蝶效应，在地球另一端发生的事情，也许会对我们造成影响。即使了解到真的会影响到我们，我们能够改变这种影响吗？了解得太多，反而会杞人忧天，产生焦虑。

非洲爆发了可怕的蝗灾，因担心将来会缺少粮食的"消息灵通人士"大有人在。他们囤积了大量粮食以后，发现我们的粮食价格并没有波动。这样的例子并非个例，类似的情况已经在历史中不断上演。最终证明，这样的焦虑是毫无必要的。

就像小高一样，在学习上奋勇争先，想要获得第一名，虽然这样的追求让他产生了焦虑，但这件事情本身是好的。在玩游戏时也一定要获得第一名，就显得没有意义了。游戏最重要的作用是放松心情。除了那些以游戏为职业的电竞选手外，大多数人对游戏的胜负欲都保持在正常范围内。作为一名没有计划成为电竞选手的大学生来说，每次玩游戏都想获得第一名是没有必要的。

非必要领域的落后，并不值得我们焦虑，因为不会对我们造成损失，甚至根本无法影响到我们的生活。一旦我们落后的方向是一直在努力的，或者是引以为傲的，那么就难以忽视，甚至会造成非常棘手的问题。

落后，就要迎头赶上。但是在产生焦虑之前有一件事情要确定——我们真的落后了吗？在认识自己这一过程中，理清自己的长处和能力，是用来判断是否真正落后的标准。

竞争一般发生在我们所处的环境当中，在一个环境当中落后，并不代表我们的水平低于平均值。例如，某演艺公司的键盘手，在公司里处于中游水平。他非常担心会有更好的人进入公司，把他挤到下游，最终失业。就在他为此焦虑不堪，业务水平急转直下时，他的妻子建议他向业内的专业人士进行咨询。结果让他很满意，虽然他在公司当中处在中游水平，但在全国范围内他的能力至少能进入前20%。他并没有真正落后，所以也无须承担想象中落后带来的负面影响，自然也不必太过焦虑。

人们为落后而感到焦虑，往往是因为落后会影响当前，甚至以后的生活状态。当所处环境中的竞争比外部更加激烈时，就很容易出现落后焦虑。把眼光放远一些，往往就会发现落后并不是真实的，因此不必为此感到焦虑。

如果落后是真实的呢？这种情况是最可怕的。现实就摆在眼前，落后带来的后果似乎也难以避免。那么，将焦虑保持在正常水平上，不要任其发展到有害的程度，就成为最重要的事情。

每个人都明白，落后并不是仅仅依靠短期的努力就能扭转。那么，长期的努力呢？只要找对方向，我们就能够扭转局势。在这一过程中，我们需要的不仅有努力，还要有足够的自信做支撑。

在认识自己的过程中，为自己贴上一些标签是最快地给自己定位的方法。而在发现自己落后于其他人时，处在焦虑情绪中的人往往会不由自主为自己贴上"落后"的标签。

承认自己的失败，知耻而后勇向来是人们鞭策自己前进的方式，但贴标签不一样。标签往往意味着某种已经形成的习惯，或者根深蒂固的属性。贴标签的意义不仅在于认识自己，更是因为贴标签蕴含的心理暗示作用。如果给自己贴上"落后""失败者"标签，形成了习惯性无助，在生活中常常会感受到自我挫败和无助感，当再一次鼓起勇气去面对，会加大自我行动意志的难度，想要再取得进步就会变得非常困难。

被拉开距离，并不可怕。落后只是暂时的，不到最后一刻就不能说是失败。所以，在被拉开距离时，不妨更加客观地自我评估，了解自己的优势，提升自己的不足，发挥所长接受适合自己的节奏，去实现自己的追求，不陷入挫败、自责和焦虑情绪中。

第4节 焦虑者最深的担忧——"资源"被"抢完"

上小学开始,我们就学习到世界上的资源是有限的,要节约用电,节约用水。上中学以后,又开始学习什么是可再生资源,什么是不可再生资源。地球那么大,资源尚且有限,我们的圈子那么小,资源更不可能是无穷无尽的。既然处在同一个领域当中,别人多获得一份资源,我们就要少获得一份资源。如果我们走得太慢,性格不够强硬,导致资源都被"抢完",那该怎么办?

熊先生是一个小有成就的生意人,他经营的公司虽说不是知名企业,但在当地却很有名气。熊先生和妻子身体健康,儿子毕业于名校,公司规模也日益扩大。但是,本该过着无忧无虑生活的他,却经常陷入焦虑之中。

尽管熊先生很擅长自我开导,了解如何消除压力,但在他50岁以后,却出现心悸、心神不宁、四肢无力、精神不济的状况。去体检,医生也说他很健康,但是他还是有持续的不适症状。直到后来,熊先生才了解到这些症状是焦虑造成的。那么,熊先生究竟在焦虑什么呢?他焦虑的主要原因就是资源。

熊先生从小就生活在一个贫困的家庭里,他有四个兄弟姐妹。父母每天为了生计奔波,没时间好好照顾他们。当家里出现宝贵资源时,往往无法平均分配。水果、零食，都是争夺的对象，谁行动晚一步就会一无所获。

儿时的经历造就了熊先生的性格，也成了他焦虑的原因。即使他已经离开原生家庭，有了属于自己的小家，也会时时刻刻因为资源感到焦虑，尤其是当有了自己的事业之后，这种焦虑就更加频繁地出现。商场如战场，如果不能积极向前，就很容易被人抢走资源，很有可能导致失败。

因此，尽管熊先生已经处于半退休状态，仍然每隔几天就要去公司看看，大小事情都要过问，避免错失机会，失去本该获得的资源。

休息时，熊先生最喜欢的事情就是翻翻朋友圈，浏览门户网站。最初这些行为还能为他减轻一些焦虑，但是时间长了，也成为他焦虑的根源。每当他在公众号或社交平台上看到有用的信息时，就会将其收藏起来。这对他来说，都是宝贵的资源。但是，人的精力总是有限的。收藏得越来越多，他却不能一一学习。看着宝贵的资源就在那里，却不能变成自己的，日积月累，这些信息就成为他焦虑爆发的原因。

因为资源而焦虑，最主要的原因是担心资源太少，自己难以获得足够的资源。那么，拥有了足够的资源以后，是否就能消除资源带来的焦虑呢？并不会。只要资源有限这个概念始终存在，那焦虑就很难停止。

张先生每次出差或外出时都会买很多东西，车里和后车厢时常都装得很满。张先生出差回来时，家里都会因为东西太多而显得很拥挤，他们家有三台冰箱用来存放各种食物。张先生的父母家只有两个人却足足准备了七台冰箱！冰箱里的食物估计两个人一年都吃不完。这就是因为担心资源不够导致的焦虑囤积。

想要缓解资源问题带来的焦虑，需要先明白，无论我们多么努力，总是有资源等着我们去获取，因此获取资源这一行为永远都不会结束。

水是一种可再生资源，无论如何使用，最终都会以其他形态回归到地球上。人们常说要保护水资源，是因为水资源虽然不少，但各地区分布并不均匀，调配水资源要花费高昂的成本。

水资源是可再生资源，我们无须为此焦虑。那么石油资源呢？作为不可再生资源，总有消耗完的一天。人类对资源的利用是在不断进步的，石油虽然会被消耗完，但在消耗完之前，人类总会找到新的能源来代替石油。太阳能、核能转化成电能，就是最接近替代石油资源的方法。

从宏观的角度来说是这样，从微观的角度来说同样如此。我们在生活中可能会遇到资源匮乏的时候，但不代表资源会永远匮乏。这次没有把握住机会，没有获得资源，不代表这些资源就永远不再出现。机会还会有，资源也还会有。只要下一次做好准备，抓住属于自己的资源即可。

有时，我们需要的资源远没有想象得多。对于容易焦虑的人来说，一般来说，需要做的准备要超过其真实需求。当因为资源而焦虑时，不妨细细排查一下自己拥有的资源与实际需要的资源进行对比，确认自己是否真的缺少资源，避免焦虑。与其像仓鼠一样不停地囤积资源，不如把精力和时间用到其他地方，也许就能另辟蹊径，获得另一种提高。

对于资源，还有一点我们要明确，世界上最宝贵的资源其实是我们的时间与精力。我们真的将这两种宝贵资源分配好了吗？还是把最宝贵的资源用来争夺、囤积那些我们可能根本用不到的资源上了呢？

要解决因为资源问题带来的焦虑，最好的办法就是改变自我认知。资源多种多样，如果每一种都想得到，我们并没有那么多时间和精力。

只需获得对自己有用的资源,并通过行动加以利用,所带来的成就感自然会赶走焦虑。

在明确自己需要的资源以后，再朝着一个方向去努力，这才是正确的做法。就如同挖金矿一样，每个地方都想挖一下，最后可能什么也得不到。只有朝着一个方向深挖，才有可能找到深埋在地下的金矿。

　　了解自己需要哪些资源，如何能获得这些资源后，接下来就应该行动起来。通过行动不断获得有用资源，再通过有用资源获得成功，获得成就感。此时此刻，我们内心充满成功的喜悦，又怎么会感觉到焦虑呢？

第5节　焦虑者最不敢面对的局面——如果被拒绝，我该怎么办？

人是社会性动物，虽然在历史上有不少想要远离人群的隐士，但他们往往是因为诉求没有得到满足，他们认为世界、社会无法帮助自己实现理想，才会做出这样的选择。简单来说，就是他们的想法被社会拒绝，被统治者拒绝。

在走出社会选择隐居之前，人们都渴望能与他人建立联系。与人交流，除了可以满足情感上的需求，还可以从这一过程中获得利益。然而，并不是每次交流都能得偿所愿，也并不是所有的诉求都能被满足。相比被接受，被拒绝才是人生当中的常态。

人们不喜欢被拒绝，被拒绝意味着没有得到自己想要的事物，尤其是在提出某项诉求之前，往往还需要做许多准备，付出很多时间和精力。一旦被拒绝，说明所有的付出都付诸东流。

在心理学中，有一种名叫沉没成本效应的行为方式。在面对失败时，人们不甘心自己的付出没有得到足够的回报。为了扭转失败的结局，只能继续增加投入，导致付出越来越多。这种行为是非理性的，在沉没成本效应的驱动之下，做出的选择往往也是错误的。那么，在理性尚存时，人们有着这样的心态会呢？当然是惧怕被拒绝。

一旦被拒绝，就意味着失败，接下来只有咽下苦果继续投入。所以，没有人愿意被拒绝。这就导致许多人在交流时止步不前，因为他们根本不知道被拒绝后应该怎么做，只能任由焦虑如野草一般疯长，最后淹没他们的心灵。

李明毕业已经两年，从一个毫无社会经验的年轻人变成公司里最有前途的新星。他并不满足于现状，其实他从毕业那天开始，就有了向往的公司。从小到大他都在使用那个公司的产品，他喜欢那里的企业文化，将其作为自己事业的终点。

李明是个很有计划的人，他在大学还没毕业时就咨询过想要进入那家公司需要具备的条件。正是因为那家公司从来不招聘应届毕业生，他才选择另一家公司做跳板，积累经验和名气。如今，他已经达到所有的条件，接下来只需要递上辞呈，离开现在的公司，去自己的梦想之地求职。

在原本的计划中，李明打算领完年终奖以后就提出辞职，在移交完手上的工作以后，马上离开。没想到，在春节假期中，他不仅无法得到放松和休息，反而莫名地担心起来。他有些不看好自己的未来，总是担心有糟糕的事情将要发生，甚至失去辞职的勇气。这一切的原因，都是他在和朋友交流时，朋友问的一个问题："如果那家公司拒绝你怎么办？"

对啊，如果那家公司拒绝了自己怎么办？李明对自己的能力很自信，因此他从未考虑过被拒绝这个结果。但天有不测风云，想要避免所有的意外发生，是不可能的。万一出现预料之外的事情，万一自己没有自己想象的那么优秀，被拒绝怎么办？

为了实现自己儿时的梦想，李明在高中毕业时放弃了一所名校的录取通知复读了一年，只因为他认为这所名校的专业不够好。他放弃了出国去分公司进入管理层的机会，只因为签订的协议会禁止他两年内从事相同的行业。如果这一次被新公司拒绝，那么就相当于放弃了之前两年时间的奋斗，放弃了不菲的薪资和光明的前景。

春节假期越临近结束，李明就越焦虑，他严重失眠，对生活当中的一切都失去了兴趣。他想过无数种被拒绝的后果，无法找回现有的生活，只能去同行业中更小的公司，他将一夜之间从行业里的新星变成笑柄。从小到大为梦想做出的努力也都白费了。

最终，辞职信还是没有递出去，因为他害怕被拒绝。下定决心放弃以后，焦虑终于放过了李明。但他始终不会知道，自己到底会不会被拒绝。

被拒绝其实并没有我们想象得那么糟糕，结果也没有那么可怕。人们不愿意承受被拒绝带来后果，惧怕之前的付出得不到回报，担心自己脆弱的自尊因为被拒绝而粉碎。但是，事情并不是总有糟糕的那一面。如果没有被拒绝呢？如果成功了呢？这是所有惧怕被拒绝，并因此产生焦虑的人所不能品尝的美好。

想要克服因为被拒绝而产生的焦虑并不困难，最简单的方法就是习惯被拒绝。我们常说被拒绝是人生中经常出现的事情，但随着所处环境的稳定，舒适圈的形成，被拒绝的机会越来越少。久而久之，就会忘记被拒绝的感觉，开始害怕尝试，害怕被拒绝，进而产生焦虑情绪。

如果经常被拒绝，习惯被拒绝，就会发现其实被拒绝也没什么大不了的。我们之所以会因为担心被拒绝产生焦虑，归根究底不是害怕发生的结果，而是自己不肯放过自己。选择逃避，选择不给对方拒绝自己的机会，是一种逃避行为。虽然能有效缓解焦虑，但在多年以后，我们可能还是会问自己，如果那天自己没有逃避结果会怎么样？只有鼓足勇气去面对，才能获得我们想要知道的答案。

相信自己，树立足够的自信，才是最终的答案。不是相信自己绝对不会被拒绝，而是相信即使自己被拒绝，仍然能坦然面对，仍然有信心重新来过，仍然有办法面对失败后的局面。被拒绝不是最可怕的，因为害怕被拒绝止步不前才是。

第6节　焦虑者最大的错觉——针对我、重视我的人都很多

2008年，日本女作家酒井顺子出版《自我意识过剩》一书。书中讲述了现代人经常放大自我存在，认为自己才是正常人的代表，大多数人都应该像自己一样。又或者是身边的所有人都在关注自己，无论自己做什么，别人都会知道，并且做出反应。

这与焦虑者的一种错觉非常相似，许多焦虑者认为，他人无意识的行为是对自己做出的某件事情的反馈。有些表现是在针对自己，而有些表现则是因为重视自己。

在传统的中国家庭中，有些父母经常让孩子当众表演才艺。逢年过节，家中有亲友来拜访，这样的戏码就会上演。但是，并不是每次表演都是顺利的。有些孩子落落大方，很喜欢表演。有些孩子很内向，要么半推半就，要么不愿意配合，让家长感觉很没面子。

出现这种情况的原因很多，有些孩子因为不自信；有些孩子认为家长的行为是对自己的不尊重；有些孩子因为不常见到陌生人感到害羞；还有些孩子因为出现倍受关注的错觉陷入焦虑。

其实，为亲友表演节目，仅仅是为了增加一些谈资，给父母提供一个炫耀的机会。至于孩子的表演是好是坏，是成功还是失败，甚至能否完成表演，其实并没有那么重要。当家长示意表演结束时，在场的所有人都会为孩子鼓掌，称赞孩子的表演。所以，担心表演失败会遭到众

人的嘲笑，担心自己能力不足会被人轻视，因此产生焦虑，出现焦虑症状，可以去与家人交流自己的感受和意愿，或者也可坦然面对，将它当成是一个自我练习的机会。

人们因为担心别人的关注而焦虑，就如同哪些被家长要求表演节目的孩子一样。我们认为自己的所作所为会得到他人的关注，所以一定不能失败，如果失败就会丢脸。在还没开始之前，就已经焦虑得不能自已，其实这只是过度紧张和担心。

因为受到关注而焦虑，进一步来说是因为被针对和被重视而产生的焦虑。而被针对和被重视，又是完全不同的两种感受，形成焦虑的原因也不同样。

人有自己的好恶，这种好恶体现在各方面，从吃穿用度到休闲放松的方式，以及对世界、对他人的行为、对道德观及价值观的不同看法。我们做不到让所有人都喜欢，所以被人不喜欢也很正常。但是，不喜欢不代表就要针对。焦虑者经常会颠倒因果，认为某个人在针对自己，再得出他不喜欢自己的结论。

而被重视引起的焦虑，来源同样是焦虑者产生的错觉。"世有伯乐，然后有千里马。千里马常有，而伯乐不常有。"充满自信的年轻人总是把自己当成千里马，期待有伯乐能够发现自己。一旦有人对他做出对不同于其他人的行为，就会产生自己被重视的错觉。

为什么说是错觉呢？难道受到不同的对待还不够吗？是的，远远不够。每个人都有一套为人处世的方式和理念。上司对你的勉励，看似是重视你，但有可能对待每名员工都是如此。某人在一次宴会上主动和你打招呼，向你敬酒，还和你聊了许久，这并不代表他重视你，也许是因为在场的所有人中只有你和他不熟悉，他希望能够结识你。

小柯大学毕业后进入一家传媒公司担任编辑一职，为刊物撰写文章。作为新人的他，欠缺的不是能力，而是经验和行业知识。于是，老板指派一位有经验的编辑做他的老师来指导他。

小柯与这位前辈相处得不错，老师对小柯有问必答，经常帮他修改文章，并教他应该怎样处理。但是，小柯认为无论自己多么满意的文章，到了主编那里总是被批评。

几天以后，小柯发现了一件事情。自己每次被批评之前，那位老师都会去主编办公室，待好一会儿才出来。难道是老师去向主编告状？为什么只说自己呢，和自己同期进入公司的还有另外两名新人，他们为什么很少受到批评？很快，小柯得出一个结论，那位老师在针对自己。

从那以后，小柯就焦虑了起来。无论做什么都失去之前的自信和冲劲，不求有功，但求无过。毕竟他被针对，稍有不慎，实习期结束可能就是自己失业的时候。老师好心询问过小柯几次，为什么他的文章越来越没有新意。小柯不敢说是因为自己担心他的针对，焦虑得什么也做不好，只能说自己身体不舒服。

几天以后，小柯来上班时，发现老师的工位上空空如也。后来才了解到老师打算回老家发展，这几天一直在找总编移交工作。小柯这才明白，原来自己受到批评并不是因为被老师针对。

那么，主编为什么要针对自己呢？他留意过自己和其他实习生的文章，对比过后发现自己不比任何人差，甚至可以说是三个实习生里最优秀的。自己和主编没有交集，主编德高望重，应该不会针对自己。也许是主编看过文章以后，认为自己是可造之才，才更加严格地要求自己。

感觉自己被重视的小柯，刚刚消散的焦虑又回来了，因为他想不到用什么来回报这份重视。他的能力不可能在短时间内有飞跃式的提高，隔几天就写出几篇优秀的文章简直就是做梦。难道，自己只能一直受到批评，一直辜负这份重视吗？小柯想了许多办法，甚至连抄袭别人的文章都考虑过。但最后，还是没能拿出有可行的办法。

一个月的实习期很快就过去了，三个实习生中，留下了两个，其中就有小柯。办理正式入职的当天，主编请大家吃饭，庆祝新人入职。

喝了几杯酒以后，小柯想起这一个月的实习经历，鼓起勇气问主编为什么总是批评他。主编笑着对他说："来的三个实习生里，只有你们两个是合格的，我早就看出来了。之所以批评你，是因为你那几天的工作态度实在不端正。我经常看到你在工作时间玩手机，午休也总是赶在最后一分钟回来，于是就打算提醒你，让你注意。"

小柯这才明白，自己这一个月的焦虑完全是自找的。根本没人针对他，也没人把他当成千里马。只是因为自己工作态度不端正，主编委婉地警告自己而已。

世界上的人那么多，在没有直接利益相关的情况下，很少有人会格外关注他人。没有别人总是幻想别人重视自己或在刻意针对自己，更没有必要因此焦虑。我们在别人眼中，没有那么重要。但是否因此而产生焦虑不焦虑，对我们来说却很重要。

第四章

暂时"隔离"焦虑的七种方法

> 学会控制自己的情绪,就必须要学会控制焦虑。有益焦虑能带给我们一定的帮助。但是,当有益焦虑变为有害焦虑时,就要将其隔离,避免影响我们的身心健康。在这里,我们将介绍七种隔离方法,将有伤害身心健康的焦虑隔离。

第1节 转移注意力，应对焦虑的止痛药

如果用一条线来表示我们的人生，那么这条线必然有起有落，有高峰也有低谷。没有谁的人生是一条直线，从未有波折。当出现低谷时，我们就会被负面情绪所困扰。沮丧、低落、痛苦、焦虑，其中任意一种或几种不良情绪，将会反复折磨着处于低谷中的人们。

我们常说"时间可以治愈一切"，在大多数情况下，时间确实是消除负面情绪的良药，但当我们无法缓解不良情绪时，根据身心状态，也可以借助药物或专业的心理疏导方式进行治疗，并没有哪一种方案才是最好的，适合自己并有助于身心健康的就是最合适的方案。

转移注意力，就是我们应对焦虑情绪的止疼药。任何负面情绪都能通过转移注意力的方法来缓解，焦虑也不例外。人类不是计算机，无法与计算机比计算能力和思考能力。在生活当中，有些人在同一时间里只能注意到一件事情。有些人注意力比较分散，可以同时做几件事情，但也有一定的限度。一旦忙碌起来，所有的精力都被工作占据，负面情绪就难以影响到我们。

老张人到中年，工作很忙碌，还要操心家里的琐事，每天脑子里都装满各种各样的事情。有时遇到麻烦事，一想就是一整夜，直到天色发亮，才能勉强睡上一会儿。这种情况持续一段时间后，老张发现自己的身体越来越虚弱，经常莫名地出汗，没有力气。去医院检查后显示身体的各项指

标都很正常。后来老张求助心理咨询师，才知道这是焦虑引起的。

心理咨询师与老张探讨后，建议他下班以后不要再想工作的事情，找点儿自己喜欢的、轻松的事情来填充时间，这样有助于缓解焦虑，消除压力。老张接受了建议，他打算约几个朋友去夜钓。就这样，老张开始了周密的筹备工作。

每天下班以后，老张都要钻研钓鱼相关的知识，如鱼竿的选择，鱼饵的选择，要钓什么鱼。研究好以后，又开始紧锣密鼓地采购。果然如专业人士所说的那样，在这段时间里，老张焦虑的问题很少出现。

一切都准备好之后老张就开始了夜钓。但是，尽管他做好准备，夜钓的成果却并不理想。就这样，焦虑又出现了。老张只好再次寻求心理咨询师的帮助。

老张的问题很简单，钓鱼这件事情实在太悠闲。他只能盯着鱼竿，这样的话，那些烦心事又重新回到脑海中，变成困扰他的难题，这与之前躺在沙发上，一边喝茶一边发愁并没有不同。心理咨询师得知老张会打扑克牌，还会玩象棋，就让他尝试每天晚上都玩一会儿扑克或象棋再休息，暂时先不去钓鱼。

晚饭后，老张就去与邻居打扑克牌或下象棋。放松心情玩了几天后，老张的焦虑慢慢得到了缓解。

转移注意力能缓解焦虑，但总有人像老张一样选择了不适合自己的方式，没有获得成功，或者没有获得明显的效果。可见，选择怎样的方法来转移注意力也是有窍门的。想要通过转移注意力的方法来缓解焦虑问题，主要有以下四点要注意。

第一，一定要选择能够让自己全身心投入其中的方法。

老张的例子就是个典型，起初他选择的方法过于悠闲，导致注意力无法集中。或许有人认为钓鱼也是一件需要全身心投入的事情，否则鱼上钩了也注意不到。的确如此，但问题是被焦虑问题困扰的人在做事情时经常会走神。一走神，所有的烦恼就会再次出现，让人忽略当时正在做的事情。

所以，我们在选择方法的时候，一定要确保能让我们的注意力完全集中在这件事情上，不能分散。当我们把所有引发焦虑的问题都赶出大脑后，问题就迎刃而解了。

第二，不要用"往日重现"的方式来缓解焦虑。

有很多人焦虑的原因是曾经遭遇不幸，或者在某件事情上遭遇失败。人们常说在哪里跌倒就在哪里站起来，这才是正确面对挫折的方法。这样的想法的确是积极的人生态度，但想要站起来，需要修复以前受到的心理创伤，如果有遗留下的心理创伤阴影没有处理，可能会在焦虑时激发原来的问题。

第三，用来分散注意力的事情要有可持续性。

人们在使用分散注意力的办法缓解焦虑时，大多数情况下会选择自己喜欢的事情。但根据兴趣爱好的不同，条件也不一样。有些爱好需要充足的时间，如爬山、露营等；有些爱好需要广阔的场地，如运动项目；还有些爱好需要金钱，缺少金钱的支持就难以持续下去。

用来分散注意力的选择有很多，但如果不具有可持续性，间隔很久才进行一次，这样的话焦虑情绪容易反复，心理状态也会变得不稳定。

某上班族爱好摄影，在出现焦虑时，会把摄影当成缓解焦虑的方式。但是，他的工作非常忙碌，白天要工作，晚上又不能跑得太远，于是他的注意力很快就转移到了研究摄影器材上。

在研究器材的过程中，他发现许多心仪的相机和镜头。看着看着，一不留神就发现已经在网络上下单了。几个月后，他发现器材买得太多，自己的经济状况有些入不敷出。焦虑的问题不仅没有缓解，反而更严重了。

第四，尽量选择能与他人合作的方式。

交流才是缓解焦虑最好的方法，尤其是在众人齐心协力做一件事情的时候，互相扶持的感觉以及成功的成就感，能加速自信心的建立。合作中的交流更是能防止注意力不集中的情况。

一些对抗性的活动虽然也有交流，但失败带来的挫败感则会加重焦虑。有时，太过频繁地迎来挫败感，会让心理健康的人都受到负面影响，更何况是本身就很焦虑的人。

第2节 场景预演，降低焦虑造成的影响

焦虑究竟是什么时候来到我们身边的呢？是从坐立不安开始？还是从失眠、做噩梦开始？又或者是心悸、头晕开始？其实焦虑来得远比我们想象得更早，出现这些症状时，说明焦虑已经很严重，处在失控的边缘。

在公共场合，在许多人做一件事情，很难迈出第一步。例如，在公共场合演讲，在上台之前感到心跳加速、手脚发麻、大脑发热，这些都是正常的。在这一时刻，焦虑伴随着紧张等负面情绪，到达巅峰。但是，焦虑却不是从这一刻开始的。在我们还没进行演讲之前，也就是在为演讲准备时，甚至早在得知自己要演讲的消息时，就已经开始焦虑。

焦虑如果没有积累到一定程度，不仅无害，反而是有益的。但是，焦虑通常会在我们最需要保持头脑清醒，精力集中的时候达到巅峰，打乱我们的计划，让多日以来的准备付诸东流。有些事情，会在什么时候发生，哪里发生，都是可以预见的。那么，我们为什么不能提前准备，通过预演来降低焦虑造成的影响呢？

各种形式的排练、预演，都属于场景预演的一种。通过预演，可以查漏补缺，完善细节，让演出变得更完美。参演者，也可以通过预演来消除自己的紧张和焦虑。但大多时候，这种预演只是为了避免因为第一次演出而产生的焦虑。有些焦虑的根源是长期存在，根深蒂固地深植于脑海之中。

通过排练预演，查漏补缺，完善细节，让演出更完美。

许多人遭受着各种各样问题的困扰。场景预演虽然不能根除恐惧，但在某个固定的场景或时间段，能起到缓解焦虑的作用。那么，究竟怎样的场景预演才是成功的，才是有效的呢？

第一，预演的场景要有可行性。

当我们面对困难时，解决问题的方法有很多种，但有些能够实现，有些则不可能实现。例如，当我们为工作进度焦虑时，预演自己明天突然有48个小时可以用来工作，或者是有个超人一样的同事向自己伸出援手，这都是不可能实现的。不如在预演当中规划好工作流程，计算好工作时间。等真正工作的时候，按照预演的流程进行，就能更加顺畅，让效率变得更高。

不具备可行性的场景预演，无论进行多少次对实际操作都没有指导意义。只有真正可操作的，具有可行性的预演，才能帮助我们提高解决问题的可能性，才对提高效率有所帮助。

第二，一次预演并不能解决焦虑问题。

预演就是在脑海中寻找问题的答案，完善细节，最终以丰富的经验解决现实问题，解除焦虑。真实的排练并不是一次就能达成目标，可能每次都有新的问题，细节也不是一次排练就能完成的。

在脑海中预演也是如此，一次预演并不能达到熟悉场景的作用，也不能完善细节，提高成功率。只有不断思考，多次预演，才能发现存在的问题，通过完善细节解决这些问题。

第三，预演的主要目的是消除焦虑。

排练能起到减少错误，提高成功率的作用，因为排练是在现实当中发生的。预演只是在我们的头脑中，根据我们的认知进行的。我们的认知无论多么完善，也不等同于现实。当事情真实发生时，必然与预演有较大差异。

在面对真实情况时，千万不能因为在头脑中预演过就掉以轻心。我们反复预演，只是为了消除陌生感，用来缓解焦虑，并不能真正起到与排练等同的效果。

第3节 科学呼吸，改善身心状态

呼吸，是指人体与外界进行气体交换的行为。我们离不开呼吸，呼吸是保证生存最基本的行为。呼吸如此重要，只用来保证生存有些浪费。从古至今，人们都在研究呼吸，尝试通过不同的呼吸方式来调整自己的身心。

那么，对于缓解焦虑，呼吸又能起到怎样的作用呢？焦虑往往来自压力的积累，来自情绪的低落。产生焦虑时，人往往处于情绪的低潮中，在这种情况下，很难做出正确的思考，面对困境也无法给出积极的答案。

使用科学的呼吸方式，并不能将人们从低落状态中解救出来，更不能让人们变得积极、乐观、开朗、充满正能量。但是，科学的呼吸方式能够帮助人们找回平静的状态，将原本处于负值的心态归零。当一切都回到原点时，焦虑就会随之不见。理性的回归，有助于重新认识自己，面对困境，成功找到问题的答案。接下来，我们将为大家介绍两种科学呼吸的方法，呼吸放松法和正念减压疗法。

第一，呼吸放松法。

人类的身体很神奇，在支撑我们生存的众多器官、组织中，我们能够控制的就只有肌肉。在承受压力及焦虑时，可以通过放松肌肉来达到松弛身体的目的。身体的松弛，会带动精神的松弛，由外而内的缓解焦虑情绪。

呼吸放松法的关键是要用腹部进行深呼吸，在正式进行之前，需要先确定自己的呼吸状态。

在舒适的环境中，穿上宽松的衣服，以最舒适的姿势躺下。一只手以松弛状态放在身体一侧，另一只手放在上腹部。闭上眼睛，慢慢地深呼吸，体验呼吸时腹部的起落。几分钟以后，起身将一只手放在腹部，另一只手放在胸前，感受在呼吸时胸部和腹部的起伏。如果胸部起伏更明显，下一次呼吸时就要进行调整，尽量使用腹部进行呼吸。

在呼吸的过程中，可以感受身体的状态：哪些肌肉是紧绷的，哪些肌肉是松弛的。当发现有的肌肉还处在紧张状态时，就要发送放松的信号。如果难以分辨肌肉是否紧张，就握紧拳头进行对比。肌肉的状态如果像握拳时手臂的肌肉，就说明处于需要放松的紧张状态。如果还是难以分辨，那就需要通过让不同部位先紧张再放松的方式，牢牢记住这两种不同的感觉。

手臂最简单，只需要握紧拳头，再放松；旋转手腕，再放松。感受手臂、手腕、手背、这几处在运动和放松时不同的感觉即可。

肩膀的动作不多，只需有意识地控制肩膀朝着头部的方向耸动再放松，就能感受到放松与紧张时的区别。需要注意的是，耸动肩膀不要两边同时进行，这样会影响效果。

头颈的紧张和放松状态都不明显，想要有明确的感受，最好的办法是背靠墙站直，让自己的头颈都紧贴在墙壁上，保持一段时间。很快，我们就能明显感受到头颈肌肉的紧张状态。随后再进行放松，进行感觉之间的对比。

胸腹的肌肉可以通过深呼吸同时感受，先深深吸一口气，等胸腹都鼓起来以后停止呼吸。屏住呼吸几秒钟，就能够感受到胸腹出现明显的紧张感。再呼气，不必刻意全部排空，只需要回到自然状态即可感受到胸部放松的感觉。

背部肌肉感受紧张同样需要胸部的帮助。在背部绷紧时，最好选择收紧胸部，保持背部向后弯曲的姿势。就这样，保持一段时间紧张状态，就可以放松了。

腿部不需要区分大小腿的感觉，只需尽量伸直双腿，伸直到感觉脚趾绷紧，脚尖朝上即可。如果还不能确认，可以通过触碰小腿肌肉，感受肌肉的绷紧程度。双腿和脚都绷紧以后，再进行放松。

有了各部位肌肉紧绷和放松的对比以后，就可以制订开始的信号。信号出现后就在全身肌肉放松的状态下深呼吸。在这一过程中，切记不可走神，不能胡思乱想。有时放松并不是我们身体最自然的反应，需要把注意力集中在身体状态上，时时检查哪里还没有放松下来。持续20分钟左右，就能起到降低焦虑，缓解疲劳的效果。

第二，正念减压疗法。

正念减压疗法有四十余年的历史，有减轻压力、焦虑，缓解抑郁的作用，甚至还能作用于身体，减轻身体疼痛。想要进行正念减压疗法，需要经过一段时间的训练才能熟练运用。

进行正念减压疗法，也要先将呼吸方式调整为腹式呼吸。一分钟的调整时间过后，选择一个最为放松的姿势坐下，选择某个事物作为目标，这个目标可以是一个字、一个词、一句话、一段旋律，甚至是自己的呼吸节奏、身体某处的感受。

选定目标以后，就可以进入状态。闭上眼睛，进行缓慢的深呼吸，吸气与呼气之间要有一个小小的停顿。在这一过程中，脑海中要专注于自己刚才设定的目标，以避免注意力分散到不好的事情上。在这一过程中，如果注意力被转移，或者是想到了其他事情，要马上把注意力转移回来。当然，这不是大过错，不要因此而紧张，更不需要为此懊悔。

正念减压疗法每次可以进行10到20分钟，结束后再休息两分钟，在这两分钟内把呼吸调整到正常状态即可。

正念减压疗法可以在一天内进行多次，最好每个星期都能抽出100到150分钟为来进行正念减压治疗，以保证焦虑值处于正常范围内。

在我们的身体没有出现太大问题时，控制身体显然比控制内心更容易。科学吐纳就是一种由外而内控制内心的办法。当我们从心理上已经难以消除焦虑时，不妨试试科学吐纳，先让内心平静，在理性回归以后再寻找其他解决方法。

当我们从心理上已经难以消除焦虑时，不妨试试科学呼吸，让内心平静。

第4节 自我交谈，去伪存真，建立自信，放松身心

大脑是人体中最重要的器官之一，也是最神奇的器官。至今仍然有许多关于大脑的奥秘没有被参透，还有许多说法没有被证实。人的大脑一直在活动，即使我们已经入睡，大脑也没有完全休息，还有脑细胞负责警戒，准备随时唤醒我们。大脑在一天当中可以产生成千上万个想法，有些我们察觉到了，有些并没有明确地察觉，只是被记录到潜意识之中。

这些想法并不都是基于真实，而潜意识又无法辨别真伪。那么，就会有许多与现实有一定偏差的想法被记录到潜意识之中。当潜意识中的内容浮现出来时，就会有难以辨认的假信息。这些假信息，经常会成为焦虑的根源，如对事情发展做出糟糕的预测，对自己的否定，对前景的悲观等。

自我交谈，也就是自己和自己谈话。通过自我交谈，能够达成去伪存真，建立自信，放松身心，缓解焦虑的效果。那么，自我交谈有哪些方法呢？具体又要怎样操作呢？下面我们就来了解一下，如何自己和自己交谈。

第一，通过问答转换思维方式。

我们曾经询问过自己问题吗？大多数人很少，甚至从未有过与自己进行问答的经历。自己的事情自己还能不了解吗？如果说不了解，显然

自我交谈，能够去伪存真，建立自信，放松身心，达到缓解焦虑的效果。

是不可能的。但在整合之前，我们可能对自己并没有那么了解。

　　人的自我否定，往往不是客观真实的，而是由面对难题时的胆怯，面对大量工作时的疲惫，面对繁杂情况时的焦躁引起的。这些情况都会引发焦虑和沮丧，影响我们的身心健康。

　　进行问答才能重新认识自己的能力，以及在面对困难时能否获得成功。

　　"这次考试要考哪些内容，其中有哪些是我不擅长的？""我不擅长的内容，能否在短时间内进行提高，达到可以及格的水平？""如果我认真规划时间，工作能否按时完成？""如果在工作当中遇到难题，需要预留多长时间来应对？"

　　当我们遇到困难时，不妨问问自己类似的问题，因为这些问题的答案只要冷静思考就可以得到。这些答案能够帮助我们静下心来，集中注意力解决问题，而不是盲目焦虑，进而达到缓解焦虑的效果。

　　第二，向自己许诺。

　　在我们想要完美地完成某件事情时，通常会发生短暂的自我交谈。例如："这个月我一定要减掉5斤。""下个星期我一定要读完一本书。"这种自我交谈是有益的，只有自己才能给自己最多的动力。在自我驱动之下，获得的压力和焦虑才是最小的。问题在于，很多人用错了方法，以致于没能达成的承诺，越是接近兑现日期，我们就会越焦虑，越紧张。这样的许诺方式，就是自己为自己制造焦虑，成为自己的压力源头。

　　我们可以对自己许诺，但最关键的不是"保证""一定""绝对"要达成怎样的目标，而是要"尽力"。事情最终会怎样，仅凭主观努力是不行的，客观条件的限制也决定了最终能达成怎样的效果。因此，只要尽我们最大的努力，怎么的收获都是可以接受的。

第三，告诉自己过去其实没有那么好。

人们往往认为产生焦虑情绪的是未知，是未来的不确定，但有时过去也能让我们产生焦虑。在互联网上，曾有一张图片十分流行，上面写着"你已经历了人生当中最幸福的一刻，只不过它在你没有察觉之前就已经溜走"。这句话引发了无数人的回忆，大家纷纷思索自己是否有过溜走的幸福。

在回想的过程中，必然会出现许多选择的岔路口。而我们早已没有选择的机会。"是不是当时换一种选择，会比现在更好呢？"当这样的想法出现在脑海中时，焦虑也就随之而来。现在越是不如意，焦虑就越重。

在思索的整个过程中，最不可理喻的是我们的潜意识。潜意识会把我们对过去的美好进行优化，让其显得无比真实。再次反馈到脑海中时，就会变成"如果我当时没有嫁给你，现在肯定会过得好多了。""我当年要是选择去做生意，可能比现在赚钱多。""上次要是我有时间，赚到那笔钱的人就是我了。"

走向另外一个岔路口就一定能迎来比现在更好的结局吗？潜意识将其变得无比真实，但是比真正的"真"还是要差上一些。所以人们在回忆时，才会使用"可能""应该""大概"这样的词汇。但是，随着思索的次数越来越频繁，想法随之变得坚定，用词也会变得越来越肯定。没有发生过的事情，会带来非常接近真实的失落感、沮丧感，这些大大提高了焦虑的程度。

过去真的有那么好吗？如果当时的差异如此明显，相信也不会走上如今的这条道路。脑海中所出现的美好，无非是因为没有发生，可以肆意想象结果。告诉自己过去其实并没有那么好，才能避免因为过去的选择带来的焦虑。

第四，通过自由书写释放心灵。

焦虑大多都有其来源，有些来源就在最近，有些来自久远的过去及不确定的未来；有些清晰地存在于我们的记忆之中，而有些早已悄悄藏在潜意识里。想要找到焦虑的根源，并且将其解除，自由书写是一种操作简单、可行性强的方法。

著名心理学家弗洛伊德曾发明了一种名叫"自由联想法"的精神分析方法，存在心理障碍的人以最放松的姿势躺在沙发上，随意说出自己脑海中想到的事务，由心理咨询师从旁记录。想到什么就说什么，无论内容有多么荒诞、可笑、恐怖。也不需要进行修饰，只要保证真实即可。越是存在于内心深处，越是难以启齿的内容，对心理咨询师寻找问题的根源越有帮助。

很多心理问题难以解决，是因为答案深藏于潜意识中。只要将其带到我们能够感知到的区域，将其暴露出来，就变得很好解决。

当找不到引发焦虑的根源时，可以使用自由书写的方式给自己进行精神分析。这一方法是由中国写作治疗开创者黄鑫老师发明的，在《用写作重建生命》一书中，她将弗洛伊德的自由联想法简化为一种方法，即处于清醒与睡眠之间的状态时，每天抽出15到20分钟，用文字将头脑中所想的内容记录下来。

清晨醒来时，人们处于半睡半醒之间，是最接近真实、不加掩饰的自我，即使不够清楚，书写的内容仍然具有释放自我情绪的价值。当我们回过头来审视自己所写的内容时，要着重分析那些出现频率较高的词汇、内容，既能宣泄隐藏在内心中最真实的想法，又能找到自己真正关注的是什么，需要的是什么，起到挖掘潜能和缓解焦虑的效果。

"人最难了解的就是自己"，这个说法并不完全正确，其实每个人都非常了解自己，但却从来没有真正留意过自己是什么样子的。通过自我交谈，能释放压力，缓解焦虑，更能清楚地认识自己，是一举多得的好方法。

第5节　破釜沉舟，了解、接受最坏的结果

人们会为不确定的未来而焦虑，因为在不确定中往往隐藏着许多种不理想的走向。究竟哪一种会出现呢？无论是为接下来有可能发生的种种悲剧而感到不安，还是为每一种不理想的结局寻找解决方案，都能让焦虑瞬间支配我们的大脑。

将所有的灾难都考虑进来，我们可能会得到无数种答案，有些可以预见，有些则根本预见不到。那么，直接去寻找那个最糟糕的答案呢？或许并没有那么困难。

苏晨工作多年，收入却始终提高不上去，这让他很不满意。正巧一个朋友找到他，问他愿不愿意在本地新开的夜市上摆摊。这个朋友已经在老夜市上经营摊位很久了，想要再开个摊位又没有合适的人手。他告诉苏晨，自己会提供商品，还会教他一些经营策略。苏晨只需要出人力和摊位费用。但等到苏晨手里的商品销售完以后，就要从他那里进货了。苏晨没有马上答应，想要再考虑考虑。

接下来的几天，苏晨很认真地考虑要不要去摆摊。自己从来没摆过摊，也不知道该怎么吆喝，怎么吸引客户。万一遇到熟人怎么办？万一遇到小偷怎么办？这些事情在他脑海中挥之不去，不仅影响了他的睡眠质量，还影响了他在白天的工作状态。

想了几天，他还是没能做出决定，于是就在一天中午，他把自己的烦

恼告诉了同事。同事一脸不解地看着苏晨，对他说："有这样的好事我怎么遇不到？夜市才刚开，就算到最后你不想干了，损失的也不过是晚上的时间和几百元的摊位费，为什么不试试呢？"

苏晨这才恍然大悟，这件事情最坏的结果不过是几百元摊位费的损失和自己晚上的这段时间，有什么不能接受的？于是，他欣然接受了朋友的建议。虽然夜市最终因为种种原因没能红火起来，但苏晨最大的损失也不过就是之前那段难熬的焦虑。

世界上没有十全十美的事情，未来可能会朝着好的方向发展，也可能会朝着坏的方向发展。既然没有百分百的把握，不妨设想一下最坏的结果是什么。

考试成绩不理想，大不了挨一顿骂，只要知耻而后勇，通过努力提高成绩就好。面试不通过，结果有多可怕？最坏不过就是和现在一样毫无进展，并不代表我们被所有的公司拒绝。明天的演讲搞砸了，会有什么可怕的事情发生吗？最糟的结果不过是让大家笑一笑，但人人都会佩服你敢于走上演讲台的勇气。

虽然我们说要想好最坏的结果，但不代表面对最坏的结果就要放弃努力，就要完全接受结果。提前设想好最糟糕的结果，有其正面意义。

既然最坏、最糟糕的结果都能接受，还有什么是不能接受的呢？提前想好最糟糕的结果，有利于降低心理预期。即使事情真的朝着糟糕的方向发展，只要我们接受那个最坏的结果，就不会造成太大的痛苦、压力和焦虑。

我们还可以结合场景演练，提前准备应对措施。任何缜密的计划都需要提前准备危机预案，既然我们已经想到了那个最糟糕的结果，事先可以想好挽救的办法。如果最糟糕的结果真的出现了，我们也不会束手无策。拿出提前准备好的应对方案，可以有效减少损失。更何况，我们所做的所有准备都能够增强我们的自信心，减少压力和焦虑的困扰。

　　破釜沉舟不仅代表了无路可退，也代表了已经了解，并且能够接受最坏的结果。当我们敞开心胸去迎接即将到来的未来时，焦虑将在阳光下消融，剩下的只有埋藏在内心深处的勇气。所以，破釜沉舟是对焦虑最强硬的回答。

第6节　忙起来，填充碎片时间

在前文中我们提到过，只要转移注意力思考其他事情，就能达成缓解焦虑的目的。但根据个人情况及焦虑根源的不同，有时转移注意力的方法并不适用。我们无法培养一个长期的爱好来达成缓解焦虑的目的。

当焦虑来得又快又急时，我们只能选择那些简单直接的办法来缓解压力。其中最好的办法就是让自己"忙起来"。这里的忙指的不是将我们可以支配的，有规律的一段时间填满，而是简单直接地用其他事情填充碎片时间，达到隔离焦虑的目的。但是，越是简单直接的休闲方式，越是通过在短时间内提供高强度的刺激达成的。许多方法并不能缓解焦虑，甚至会因为激烈的刺激增加紧张和焦虑。

那么，有哪些活动可以利用比较温和的方式让我们忙起来呢？

第一，冥想。

冥想是最能放松身心的一种活动，在家中可以选择使用香薰、舒缓的音乐进行辅助，只要姿势舒适就可以开始冥想。在冥想的过程中，身体要放松，而在精神上要注意感知自己的身体情况，或者利用冥想为自己加油打气。

滑铁卢大学曾招募了82名焦虑程度较高的志愿者进行实验，结果显示，只要进行10分钟冥想，就能起到集中注意力，恢复心理平衡，赶走焦虑的效果。美国生理学会通过研究发现，每天进行一个小时的冥想，可以减轻压力、缓解焦虑。持续冥想一个星期以上，还可以减轻大脑、肾脏等器官的压力,起到预防慢性病的效果。

第二,找一项适合我们的运动。

运动的好处实在是太多了,人们常说生命在于运动,这并不能完全展现出运动对于缓解负面情绪,特别是焦虑的重要性。我们可以从三个角度来阐述,运动是如何起到缓解焦虑的作用。

首先,运动能让我们更加自信。现代人焦虑的原因多种多样,但有许多都源于精力的不足、外貌的不佳、竞争的失利。每天运动一定的时间,可以解除以上困扰。保持运动能让我们的身体更加健康,精力自然就充沛了。保持运动能让我们拥有更好的身材,让我们的外观更加亮丽。保持运动还能增加我们的力量和体力,充满进取心和竞争意识。

其次,运动能提高睡眠质量。许多严重焦虑的人都被失眠困扰,而长期失眠又会加深焦虑,形成恶性循环。运动本身是一种体力劳动,身体消耗了大量能量,大脑自然会选择增加睡眠时间。而在运动过程中,还会产生大量的内啡肽。内啡肽作为一种拥有止痛、镇静效果的生物激素,可以起到让人身心愉悦,缓解失眠、做噩梦的作用。

最后,运动能让我们拥有一段真正不受干扰的时间。运动时,我们的注意力非常专注,只要身边不发生特别重要的事情,肌肉都会在体力允许的情况下持续运动。大脑也会全神贯注地关注身体状况,避免运动过量,或者因意外遭受损伤。这段时间值得关注的只有自己,这时我们不会为其他任何事情分散注意力。

第三,用美食对抗焦虑。

世界上有对美食无动于衷的人,但绝对不会有讨厌美食的人。当焦虑时,不妨为自己做上一道心爱的美食。

烹饪的过程需要高度集中注意力。切菜时,要注意食材的大小、形状是否合适。食材下锅后,又要注意火候的大小,调料的比例,放入的

保持运动能让我们更加自信，能提高我们的专注力，能增强我们的抵抗力，更能有效缓解焦虑。

时间、顺序，还要注意翻锅的频率。擅长烹饪的人，在这一过程中展现出的仪式感令人着迷，因为他们是那样忘我。

品尝美食，可以让我们忘记不愉快的事情。短短一餐的时间，就能起到缓解焦虑的作用。

但要注意的是，许多人在焦虑时会选择吃甜食来缓解焦虑，含糖量较高的食物的确能在短时间内刺激大脑分泌多巴胺，让人感到愉悦。但是，含糖量较高的食物更容易吸收，血糖的高低容易导致精神和情绪上出现波动，因此要避免长期依赖过量甜食或暴饮暴食来获得愉悦感。

第四，向擅长倾听的朋友倾诉。

每个人都有不顺心的时候，只要把事情说出来，就能轻松许多。聊天这一过程能够能起到缓解焦虑的作用。

很多人能够一边说话一边思考，但如果让他们连珠炮一样地倾诉，又要保持大脑高速运转，很快就能听到他们下意识地将自己想的事情说出来。一心多用，也有一定的限度。因此，在向他人倾诉时很容易做到心灵上的放空。将一切麻烦事都抛在脑后，只倾诉自己最近的生活、感受和遇到的有趣的事情，焦虑就会被赶走。

焦虑突然爆发时，就要用一些简单的方法解决。这些办法可能不具有持续性，但总能在最紧张的时候助我们一臂之力。

第7节 学会"横心",打破焦虑

横心,字面意思是横下一条心,用来形容决心很大。学会横心,同样可以缓解焦虑。这可不是"有志者事竟成"这样单纯为自己打气的话,更不是"只要我想就没什么做不到"这样的唯心主义。

焦虑作为一种负面情绪,对人的身心健康有一定的影响。但是,对我们焦虑的对象却完全没有影响。我们焦虑的对象,是客观的。在考试之前无论我们多么焦虑,考试的题目都不会变得简单,也不会变得更难;在经济状况不佳时,不管我们多么焦虑,口袋里的钱也不会多一些或者少一些。也就是说,只要我们行动起来,就会发现情况与我们所担心的大不一样,所有的焦虑就像纸老虎一样,被轻易戳破。

小刘作为一名出色的现代女性,毕业于名校,有一份不错的职业,无论是家人还是朋友都认为她是极有人格魅力的人。但是,偏偏在考驾照这件事上她接二连三地碰壁。每次朋友询问她驾照的事情,她都开玩笑说运气不好,或者用自己笨手笨脚用来搪塞。实际上,只有她知道在考科目二之前自己到底有多焦虑。

每当科目二考试到来的前几天,小刘就焦虑得吃不下东西。到了考试的当天,甚至还会出现头晕、呕吐的情况。等到上车行驶时,她的生理、心理状况都非常糟糕,在这种情况下怎么可能考得过呢?

就这样,连续三年小刘都在科目二上折戟,成为部门唯一没有拿到驾照的人。她的老板戏称她是驾校的VIP客户，并且许诺说，如果明年她能考到驾照，就把她的年终奖换成一辆保时捷。

一辆保时捷？这个诱惑可太大了。但随着奖励一起变大的，还有小刘的焦虑。想到自己没能通过考试拿到驾照，就要与保时捷擦肩而过，她就非常难过。虽然她尽了一切努力想通过考试，但导致她失败的焦虑却挥之不去。更糟糕的是，考试之前的几天小刘生了一场病，就算能赶上考试也没时间练习。

小刘认为，虽然自己还是焦虑，但这却是自己最有希望拿到驾照的一年。突如其来的疾病，让她有一种力不从心的感觉。从小她就是个叛逆的孩子，吃软不吃硬。生了这场病，反而让她充满了决心。即使在这么艰难的情况下，也一定要拿到驾照、拿到保时捷。

考试当天，小刘的身体还有些虚弱，但精神却前所未有得饱满。她斗志昂扬地坐进了驾驶座，三年以来学到的知识和经验让她轻而易举地通过了科目二，并且一鼓作气通过科目三，最终成功拿到驾照和老板承诺的保时捷。

下决心人人都会，但在执行过程中，决心会被很多意外发生的事情动摇，我们会变得越来越不坚定。而焦虑又会在这时候插上一脚，决心顺势化为乌有。横心则不一样，无论多么担心这件事情不会按照自己预想的状况发生，有可能会出现意外状况，自己的能力不能做好这件事情，但是当我们横下心来的时候，这些想法也就彻底失去了意义。无论情况变成什么样，我们都要去做。

那么，如何让自己的决心变成横心，拥有打破焦虑的力量呢？

第一，通过反复下决心来增加强度。

语言是有力量的，想法也是有力量的。这种力量作用于自己的内心，能左右自己的想法。当我们下定决心去做某件事情时，只要反复地告诉自己要去做，告诉自己能做到，就能把决心变成横心。

当然，告诉自己能做到不代表真的能做到。因此，每一次下决心时都要再进行一些思考，多寻找一些方法。即使不能增加成功率，也能让决心变得更加坚定。也许在这一过程中得到的某种想法，就是我们成功的秘诀。

第二，"昭告天下"。

有时下横心是主动做出的决定，而有时则是被形势推动，不得不做出这样的决定。在我们缺少勇气和自信时，不妨让其他人推自己一把。

把我们要做的事情告诉身边的所有人，等每个人都知道以后，无论我们有多么焦虑，多么不想做，也覆水难收。这样一来，知道这件事情的每个人都能给我们一份力量，都是推着我们下定横心去做事情的原因，想不下横心也不可能了。

第三，无论要做什么，只要开好了头都有助于我们下横心。

我们在做事情时往往有一种很奇怪的心态，有些事情明明不是很想做，但如果已经开了头，或者在不知道的情况下卷了进去，反而会坚定地去把事情完成。我们常常向朋友询问某件事情的原因时，往往会得到这样的回答："反正来都来了。"

的确，来都来了，为什么不把事情做完呢？反正已经开了个头，不如就接着把事情完成。归根究底，是因为我们往往把事情想得太复杂，真正开始以后才发现其实没有那么难。

因此，当我们对某件事情下不了决心时，不妨先开个头试探一下。当我们发现事情远比想象的简单，把决心变成横心就容易多了。

第五章

心理障碍型焦虑的"系统脱敏"

> 当今这个时代,人们对自己的要求越来越高,焦虑也就越来越容易出现。想要保证身心健康,就必须针对焦虑的原因进行系统性的脱敏。

第1节 恐惧症引发的焦虑——找到真实恐惧源，穿越它！

有一些焦虑程度高的人可能有过这样的经历：前一刻还很好，下一刻却仿佛被什么东西击中了一般，胸闷、窒息、恶心、反胃、全身无力、心脏仿佛被一只无形的巨手紧紧捏住，身体也失去了控制，感到疲惫、慌乱以及失控感。

这个过程可能很短暂，只有几分钟，但也可能会持续几个小时，仿佛要把我们的生命力全部耗尽。当我们感到无比恐慌和焦虑时，或许会选择忽略和遗忘这段恐怖的经历，只当是过于疲惫而引发的一种错觉。

然而，当第二次、第三次……这种仿佛濒临死亡的感觉不停出现，我们感到痛苦、焦虑，无数次到医院检查，怀疑自己或许患了心脏方面的疾病，但每一次，医生都会告诉我们，心脏非常健康，身体没有任何问题，或许有一点点疲劳过度或营养不良。

是不是已经发现了？是的，没错，我们患上了惊恐障碍，而这也正是焦虑产生的缘由。

恐惧是每个人都有的一种情感体验，人们恐惧的对象也多种多样，可能是某个具体的事物，也可能是更为抽象的事物。

对某些事物产生恐惧，这是非常正常的。但如果这种恐惧超过了正常的限度，甚至已经达到一种非理性的程度，如害怕出门，与人发生接触就会陷入恐慌，恨不得给自己全身消毒，每天都在疑神疑鬼担心自己已经患病等。那么，这种情况显然已经超出正常范畴。

惊恐障碍的爆发可不是好体验，但事实上，恐惧症并没有那么可怕，因为它的治愈率非常高，只是很多人在最初患上惊恐障碍时，并没有重视，毕竟这些人可能没有意识到，自己其实生病了。

萱萱是一位35岁的女性，曾饱受惊恐障碍折磨，甚至因此而三次拨打过120急救电话，但每一次到急救中心做完检查后，医生都会告知她，她的身体没有任何实际性、器质性的问题。这让萱萱感到十分痛苦，并因此而加剧了焦虑。

那是一种怎样的感觉呢？"呼吸困难、心慌、身体有僵硬感，冒汗、脸和身体发热，每一次发作，都感觉死亡近在咫尺"——萱萱是这样描述的。

然而，每一次发作过后，她的身体又总会渐渐恢复正常。但很显然，这件事并没有过去，因为发作的频率和时长都更高了，症状没有任何改善。

"我一直感到非常焦虑，害怕自己在某一刻会突然迎来死亡，或者在外出时突然发作，却没有任何人可以救我……"

萱萱就是在这样的状况下来到心理咨询室。心理咨询师了解到萱萱原在心理医院初步诊断结果是惊恐发作。由于萱萱的症状比较严重，所以在治疗时采取的是药物治疗配合心理疏导。

惊恐障碍是一种心理疾病，要治疗恐惧症，就要找到引发恐惧的根源，只有从源头上解决问题，才能彻底消除恐惧。

在咨询中，心理咨询师发现，萱萱无论在现实生活还是内在心理层面，一直都承受着巨大的压力。情感关系与工作选择的冲突让她感到精疲力竭，在情感关系中，各种主观和客观原因的冲突让她无法做出决定；在工作中，许多选择也总是让她犹豫不决，无法做出取舍。除此之外，传统观念的束缚，家庭关系的压力等，也都让她焦虑不已。正是因为长期承受着这样的压抑和冲突，各种主客观原因累积，导致萱萱急性惊恐的发作。

在经过临床药物治疗结合心理疏导之后，萱萱的症状有了明显减轻，也逐渐能轻松地做出一些现实的决策性选择。之后，在心理咨询师的帮助下，萱萱也掌握了在惊恐发作时的一些应对策略和自我放松的方法，并开始自我成长学习，从而增强内在力量去解决现实关系与选择的能力。

惊恐障碍不同于其他遗传类疾病，它并不是镌刻在人类基因中的疾病因子。俗话说"初生牛犊不怕虎"，年纪越小越不懂事的孩子就越不知道恐惧为何物，因为他们还不曾遭遇过能够引发恐惧的事件。

任何恐惧的形成都有其根源，比如恐惧水的人大多都曾有过溺水的经历，恐惧狗的人或许曾被狗咬过，恐惧与人建立亲密关系的人大概率遭遇过背叛和抛弃。很多非理性的恐惧，追根溯源，可能都只是由一次偶发的意外或事件被泛化后所引发的。因此，必须找到这个最本质的真实恐惧源，然后克服它、穿越它，才能真正消除恐惧。

在这里，有五点需要注意。

第一，我们要认识到，任何惊恐的来源都在于我们自己。

很多时候，我们以为的陷入绝境、濒临崩溃等，实际上都只是源自自己的感受，并非客观存在的事实。惊恐发作确实非常痛苦，但它并不会真正伤害我们的身体，我们的身体一切都很好。

第二，勇敢面对。

我们应该直面那些让我们感到恐惧和焦虑的事物，逐渐并谨慎地去接近它们，反反复复，不断去尝试。当我们习惯这些让我们感到恐惧和焦虑的事物后，会发现，它们似乎已经不会再引起我们的注意了。

第三，尝试把注意力转移到其他事情上。

当我们面对让自己感到恐惧和焦虑的事物时，试着转移注意力，把关注的焦点放在其他事物上，这样可以帮助我们更好地适应这一切。比如那些害怕当众发言的人，可以尝试在发言时，把注意力从自己的发言转移到听众的反应上，观察听众的表情，注意听众的反馈等。人的注意力是有限的，当我们把注意力集中在其他事物上时，就无暇关注那些让我们焦虑的事情了。

第四，坚持锻炼。

练习深呼吸、冥想、放松，定期进行有氧运动，通过调节身体来调节心理状态。

第五，主动出击，直面恐惧源。

这一点非常重要，不要抱有侥幸心理，把自己的异常视作一次简单的偶发事故，当发现自己不对劲时，立刻做出行动，主动寻求帮助，这对我们摆脱恐惧非常有帮助。

第2节　强迫症引发的焦虑——增强心理抗受力

一天之中，能够引发焦虑的事情几乎时刻都在发生。早上出门离开家时，总是担心有没有锁门，不反复确认的话，怎么都放不下心；听到一首歌，旋律总是在脑海中响起，无论怎么努力都挥之不去；无论触碰任何东西，都要马上洗手，生怕不小心接触到致病的细菌……

这是很多人都曾经经历过的强迫现象，而这种现象引起的焦虑在日常生活中也十分常见。对于身心健康的正常人来说，出现程度轻微的强迫现象并不奇怪，因为很多时候，这种强迫现象的持续时间其实非常短暂，所引起的焦虑也十分轻微，很快就能自动平复，并不会影响到我们的生活和工作。但当这种强迫现象超出正常范畴之后，就可能成为一种情绪障碍，也就是我们所说的强迫症。

强迫症是焦虑障碍的一种特殊类型，主要可以分为两类，即强迫性思维和强迫性行为。

很多人都有过这样的体验：脑海中一直盘桓着某首歌的旋律，无论自己主观意愿上多么想停下来，都无法做到。对于正常人来说，这样的状况持续时间其实并不会很长。但如果是强迫症，那么当某些类似这样不可控的强迫性思维盘桓在脑海中时，即使我们极力抵抗，想尽办法去驱逐，都无法让它消失，它会让我们陷入不可控的焦虑与痛苦之中无法自拔。

虽然每个人脑海中产生的强迫性思维不尽相同，但总的来说可以划分为几个类别：对细菌污染的担忧、对伤害别人的忧虑、对感染疾病的担心、基于恐惧而无法停止的反复检查。这些想法的出现对强迫症患者来说，都违背了自身意志，而且无法控制，它们所引发的焦虑如此剧烈，不仅会给身体造成巨大的能量损耗，还伴随着强烈的挫败感和沮丧感。

为了对抗这种强迫性思维，人们不得不进行某些特定的强迫性仪式，这种强迫性仪式通常都是一套可预期，并且可重复的行为模式，通过不停地重复这些动作，能够暂时性地抚平这种可怕的焦虑感。而这种由强迫性思维所催生出的重复性行为模式，实际上就是强迫性行为。

因为担心细菌和疾病，所以每次出门之后，无论接触到什么，都会不停地洗手；因为担心工作可能会出错，所以每次都要反复不断地进行检查；因为担心不踩到白线就会招致不幸，所以过马路时一定要踩着斑马线……这些都是强迫性思维所催生出的强迫性行为。

当人们遵循并不断重复这些行为时，总会感觉自己似乎已经安抚了充斥在脑海中的强迫性思维，并认为自己又一次成功地战胜了强迫症所引发的焦虑。于是，在下一次焦虑来袭，强迫性思维侵入脑海时，又继续重复这样的行动来"战胜"强迫症。

然而，这样的行为显然并不是治愈，而是一种妥协。真正的治愈，是必须直面那些让自己产生恐惧和焦虑的事件本身，而不是为了片刻的解脱而进行的强迫性行为。

简彤今年29岁，是个漂亮又聪明的职业女性。每天早晨上班，她都要比别人提前半小时出门，这并不是因为她住的地方距离公司太远，或是交通不够便利，而是因为她必须给自己"预留"半小时来锁门。

对，我们没有看错，确实是锁门。每天早晨，当简彤走出家门，走向停车场时，脑海中就会不可抑制地产生各种担忧："我的门锁好了吗？万一没有锁好怎么办？小偷一定会进到我家，偷走我的东西，没有任何人会发现我家里被盗窃了，我将失去辛苦积攒的一切家当……天哪，我到底有没有锁门？我觉得我锁了，可是万一我没锁上呢……"

于是，简彤只能走回去，检查后发现门是锁着的，顿时松了一口气。然而，第二次离开时，她又会不可抑止地开始担忧："门真的锁上了吗？我检查好了吗？刚才为了确认，我是不是又打开了？我真的把门锁好了吗？"

就这样，第二次、第三次、第四次……一直到第八次，简彤终于在花费半小时以后，成功确信自己真的锁好了门。

事实上，对于自己这种荒谬的想法和行为，简彤心知肚明。担心门是否上锁，这大概是所有人都曾有过的忧虑，但正常人在确定一次之后，就能把这件事情完全放下。可简彤却不行，她无法和脑海中不停涌上的强迫性思维抗争，只能通过这种神经质的重复行为，对抗这种强迫性思维所带来的焦虑。

在精神病学和心理学领域有一个学术名词，叫作"自我拒斥"，即"无法达到自我的和谐与统一"。而强迫性思维就是一种非常典型的自我拒斥，与个体的意愿和理智几乎毫无关系。就像简彤这可怕的半小时锁门经历，尽管她的理智一遍遍告诉她，这是不正常的，没必要，但她却始终无法主动停下来。

这种重复性行为真的能够对抗强迫症引发的焦虑吗？事实上，这并不是真正的"治愈"。重复性行为之所以会让人感到有用，是因为在这个漫长的过程中，重复性动作消耗了人们的精力和焦虑。换言之，当事人在这个过程中被累得折腾不起来了。

那么，这种由强迫症所引发的焦虑，应该如何治愈呢？

心理咨询师和简彤做了一个约定，为她设定了检查次数——一周内检查门锁的次数最多10次，并要求她每天都记录，在规定的一周内绝对不能超过这个次数。到第二周，次数下降到7次，再下一周变为6次，再之后是4次。最终，心理咨询师帮助简彤克服了这个问题。

与此同时，心理咨询师同步引导简彤对引发自己焦虑的一些现实问题进行了理智的思考，比如该小区的盗窃案发生概率是多少？重复检查是否锁门对杜绝盗窃案的发生到底有没有帮助？

就这样，在心理咨询师的引导和帮助下，简彤通过用理性思维进行自我对话的方式，逐渐增强心理抗受力，并努力克制自己的行为。现在，虽然每天简彤依旧需要付出极大的努力才能克制自己不去检查门锁，有时为了不回头，甚至在出门时会像躲避追捕一般冲刺到停车场，平复好情绪后再开车出发。但与之前的状态相比，这显然已经是非常巨大的成功。

第3节 创伤后应激障碍引发的焦虑——治愈自我

一朝被蛇咬，十年怕井绳——这是创伤后应激障碍的典型写照。

创伤后应激障碍简称"PTSD"，美国精神病学协会颁布的《精神疾病诊断与统计手册》中将其定义为："个体在经历一个或多个创伤性事件之后所表现出的持续存在的典型症状。"这些创伤性事件可能是一场车祸，可能是一次火灾，还可能是一场犯罪——经历了这些可怕的事件后，有幸得以存活，但却发现，生活还是不一样了。

第一，创伤性再体验症状。

有很多人在儿童时期曾有过可怕的经历，这段经历被埋藏在记忆深处，仿佛被彻底遗忘。但其实并没有真正被遗忘，而是被大脑保存起来，埋藏在意识深处。长大以后，这些可怕的经历就会出现在噩梦中或者在脑海中不断闪现，实际上就是创伤后应激障碍的一种症状：脑海中不由自主涌现出与创伤经历有关的情境和内容，不断做与创伤性事件相关内容的噩梦。

第二，回避类症状。

回避是创伤后应激障碍的第二类典型症状。很多有过痛苦经历，并患上创伤后应激障碍的人，即使脑海中已经遗忘那段痛苦的记忆，也依然会下意识回避与那段经历相关的一切，否则就会焦虑不安，有时甚至连他们自己都不明白到底是为什么。

第三，警觉性增高症状。

夜晚走在寂静的马路上时，看到迎面走过来一个身材高大的男性，很多人都会下意识警惕起来，肌肉紧绷，握紧拳头，这是非常正常的表现。但如果是在大白天人来人往的街上，也时刻处于焦虑和警戒状态，那么恐怕就算不上正常了。过度焦虑、警觉，这些都是创伤后应激障碍的典型症状。

黎女士曾在公园里遭遇持刀抢劫，受到了很大的伤害。虽然身体上的伤已经愈合，但她内心依旧认为周围的世界充满危险，每个靠近自己的人都居心叵测。她无法再相信任何人，尤其是当陌生人靠近时，无论在什么样的环境下，都会让她感到无比焦虑和恐慌。

如果你曾有过一段可怕的经历，并因此陷入无法醒来的噩梦，患上创伤性应激障碍，那么请相信，你需要一位经验丰富，而且对如何治疗心理创伤有一定了解和研究的心理咨询师。千万不要相信"时间会治愈一切"这样的话，时间或许会让记忆变得模糊，但却无法消除内心受到的伤害。

那么，想要战胜创伤，摆脱创伤性应激障碍的桎梏，应该怎么做呢？

第一，还原记忆。

通过回忆来还原与创伤事件相关的记忆，这是治疗创伤性应激障碍的第一步。

任何伤口的治愈，都是从清理伤口开始，而创伤事件本身就是那些需要清除的"伤口"。要想真正清理和治疗这些创伤，就要先唤醒与之相关的回忆，不逃避、不否认，也不掩饰，真实客观地在记忆中还原。只有先勇敢地去直面，接受它的发生，我们才能真正将这个问题解决。

第二，情绪感受。

如果患上创伤性应激障碍，一定要咨询心理医生，时间或许会让记忆模糊，但无法消除内心受到的伤害。

一些遭受过心理创伤的人在向心理咨询师讲述自己的遭遇时，通常都会表现得非常麻木，眼神呆滞，仿佛没有任何感情。这并不意味着他们的心情已经平复，可以冷静地回忆和讲述这些事情。相反，这是一种回避和拒绝的反应，他们虽然在讲述这些事情，但情感上却一直处于回避状态。

回避感受，实际上也是一种对自己的拒绝，在这样的状态下，无论他们将自己的经历讲述多少遍，都无法真正从心底接受这些事情已经发生。

所以，在系统安全的心理治疗除了还原记忆之外，直面自己在经历这一可怕事件时的情绪状态同样非常重要，去感受那些情绪，接受那些情绪，我们才能真正直面自我，接受自我。

第三，情感表达。

充满负能量的情感和情绪必须要发泄出来，才能让我们的心灵得到真正的释放，否则它们只会一直积压在心里，不断制造痛苦、折磨与焦虑。比如，有的心理咨询师会鼓励来访者通过记日记的方式来宣泄内心的想法和感受，这就是一种表达。当然，虽然记日记的确有一定的成效，但除此之外，来访者和心理咨询师之间的情感、情绪分享也同样重要，来访者需要借助媒介来帮助他们释放内心的黑暗与痛苦，在心理咨询师陪伴下一起面对，并重建安全感。他们在这个过程中才能获得真正的治愈。

第四，充分释放。

情绪和情感的表达具有治愈性，也就是说，当来访者能够充分释放内心的情绪和情感，做到真正的"放下"时，他们的伤痛就能不药而愈。

所谓充分的释放，不仅仅需要释放与创伤事件有关的回忆，更需要释放在这个过程中所产生的一切负面情绪和情感，以及释放对施害者的恐惧与仇恨。只有真正把一切糟糕的感受都释放出来，才能真正将这些事件及其所带来的影响剔除出自己的生命。

第五，换个方式思考。

在经历过创伤事件之后，有的人可能会因此自我怀疑："是不是我哪里做的不对，所以才遭受这一切？""是我做错了什么，所以这些事情才会降临到我头上吗？"

有的人则可能会对这个世界产生怀疑："这个世界实在太危险了，没有任何地方是安全的。""每一个人都有可能伤害我，我必须保护好自己。""我没办法相信任何人，他们都很危险"……

这些想法显然也是制造焦虑的"机器"之一，因此，如果想要完全摆脱创伤后应激障碍所引发的焦虑，就要学会"换个方式思考"。

"我受到了伤害，但这并不是我的错。"

"我可以做到，可以继续选择我的生活方式。"

"创伤是痛苦的，但我可以从中寻找到意义，并以此去帮助更多的人。"

"有许多人爱我、支持我。"

"我很勇敢，我有自愈的能力，这让我感到骄傲。"

……

当心中充满阳光与希望时，一切阴霾都将过去。

第4节 外貌焦虑——找回内在自信

你对自己的外貌满意吗？

某自媒体曾针对这个问题做过一次问卷调查，结果发现，在两万多份有效问卷中，只有1%的人对自己的外貌感到非常满意，35%不满意，14%非常不满意。

外貌焦虑是近两年非常流行的一个概念，许多人都深陷其中不能自拔。所谓外貌焦虑，简单来说，就是对自己的外貌不够自信而产生的一种焦虑。为了缓解这种焦虑，许多人都会通过各种手段，如化妆、整形等来改造自己的外貌。

爱美之心人皆有之，这原本很正常，但在外貌焦虑的催化作用下，很多人对美的追求已经成为一种病态，甚至严重影响到自己的身心健康。

小欣是一名服装模特，身材高挑，气质不俗，整体形象看上去非常好，声音也特别好听。她第一次在朋友的陪同下到心理咨询室进行咨询时，全程都戴着口罩，因为她觉得自己的形象非常不好，不愿意把自己的外貌展示在别人面前。

在与心理咨询师讨论自己的容貌问题时，小欣说出了一大堆的问题，比如眼睛不够大，形状不够好看。前不久，就是因为这个问题，小欣特意去做了眼部美容手术。但令人遗憾的是，手术的效果并没有达到小欣的预期,甚至因为医生的小失误,小欣认为自己的眼睛比之前更难看了。

从那之后,小欣就一直处于焦虑和痛苦之中,常常对着镜子发呆、流泪,睡眠和饮食也不规律。容貌带来的焦虑让小欣变得越来越自卑,她推掉了一切工作,整天把自己锁在家里,不肯出去见人。这一次,如果不是朋友强拉硬拽,小欣恐怕也不会来接受心理咨询。

在小欣的描述中,她的容貌非常"普通",尤其在经历上次失败的美容手术后,整张脸都非常"难看"。但实际上,经过几次咨询后,小欣在心理咨询师的鼓励下摘掉口罩,而口罩之下覆盖的,却是一张比大多数女孩都要漂亮精致的脸庞,那双一直让小欣不满意的眼睛,也根本看不出任何瑕疵。

后来,在心理咨询师的引导和帮助下,小欣逐渐找回自信,缓解了因美容手术失败而引起的焦虑,逐步恢复正常的工作和生活。

从小欣的经历我们可以看出,外貌焦虑与自身外貌的高低没有绝对的关系。人们产生外貌焦虑,是因为对自己的长相和身材不满意,"认为"自己不够好看。对于深陷外貌焦虑中的人来说,他们眼中只能看到自己的缺点和不足,即使面对别人的称赞,他们也会因为内心的不自信而认为对方说的是场面话,而不是真心话。

更重要的是,因为内心的不自信,所以无论做出多少努力,他们都无法认可自己的外貌,永远对自己的长相和身材不满意。很多过度减肥或过度整容的人,其实都存在这样的问题。

人们为什么会产生外貌焦虑呢?简单来说,有三个原因。

第一,外貌成为新的竞争力。

"颜值即正义"——大家一定听说过这句话,虽然其中调侃的成分居多,但也能反映出外貌在这个时代的重要性。

无论是在学习、工作还是生活中，"外貌福利"都是确确实实存在的。爱美之心，人皆有之，拥有出色外貌的人确实更能吸引到别人的关注，也确实会收获到更多的善意和宽容，这是不可否认的。尤其当今这个时代，随着自媒体的发展，外貌本身也成为从事某些行业的必备条件之一。

也正因为如此，当外貌成为新的竞争力之后，越来越多的人都开始担心，外貌会成为自己的劣势，久而久之也就产生了外貌焦虑。

第二，舆论环境带来的压力。

外貌焦虑更多发生在女性身上，这和当下的舆论环境息息相关。相信大家一定听过类似于"美女体重不能过百"或"女生就应该活得精致漂亮"这样的言论，乍一看，这样的言论似乎是在鼓励女性提高对自己的要求，让自己变得更优秀。但实际上，这些言论又何尝不是催生外貌焦虑、增加女性心理压力的枷锁呢？

第三，因外貌缺陷而遭受攻击。

有一些人的外貌焦虑主要源自曾经因外貌缺陷而受到的攻击和伤害，这种缺陷可能是身体残缺，也可能是五官形态不佳，或者仅仅是身体肥胖，皮肤黝黑等。这种现象主要发生在儿童时期，比如在学校里，周围的同学会根据你身上的缺陷来取绰号，或是因此而排挤或嘲笑你。受过这样伤害的人，在成年之后，很可能就会形成一种补偿心理，想要尽力弥补自己的"不足之处"，进而催生外貌焦虑。

要想摆脱外貌焦虑带来的负面影响，最关键的一点就是要重建自信。因为外貌焦虑归根结底是对自己的不自信，如果不能根除这种不自信，那么即使把自己变成天仙，也总能找到不够满意的地方。具体应该如何做呢？

第一，接受自己的不完美。

世界上从来不存在完美的外貌。在不同时代、不同地域、不同人眼中，美各不相同。美不等于完美，我们只有接受自己的不完美，才能发现自己真正的美究竟在哪里。

世界上从来不存在完美的外貌。在不同时代、不同地域、不同人眼中，美各不相同。美不等于完美，世界上有很多美丽的面容，但却从不存在完美的面容。我们只有接受自己的不完美，才能发现自己真正的美究竟在哪里。

第二，肯定自我价值。

在这个时代，外貌确实是一种竞争力，但它仅仅只是竞争力的一种。拥有好的外貌，可以让我们拥有更大的竞争力，但缺少好的外貌，也不意味着我们就一无是处。我们的智慧、学识、交际等，同样也是重要的资本和竞争力。所以，不要把外貌看得太重，要学会发现和肯定自我价值，认清自己的竞争力，用平常心去看待外貌问题。

第三，发现多元化的美。

美是多元化，从来没有固定的标准。大眼睛是一种美，狭长的丹凤眼同样也是一种美；长发是一种美，短发也同样不缺乏魅力和吸引力；樱桃小口是一种美，饱满丰腴的双唇也同样魅力四射。

美丽没有固定模式，所以，不要再去关注别人身上的美，试着放下比较，发现多元化的美，发现自己的美，才能真正摆脱外貌焦虑。

第5节　环境焦虑——针对特定环境的强化训练

失控和未知是最能引发人们焦虑情绪的因素，而离开舒适圈，去往陌生的环境，就意味着失控和未知。因此，在生活中，环境焦虑可以说是最为常见的一种焦虑症状，这种症状通常更容易发生在孩子身上。

谭女士的女儿小优原本是个活泼开朗的孩子，但在上幼儿园之后，突然就变得沉默寡言，每天回到家里都是一副闷闷不乐的样子。谭女士非常担忧，不知道女儿是不是在幼儿园被人欺负。

但奇怪的是，经过询问，老师却告诉谭女士，幼儿园里一切正常，小优并没有被欺负，也没有和其他小朋友发生冲突。谭女士自己也偷偷到幼儿园观察过女儿的情况，发现确实和老师说的一样，并没有奇怪之处。

那么，小优究竟为什么会突然产生这么大的改变呢？

后来，谭女士和小优敞开心扉地交谈了一下午，这才终于明白女儿的变化是怎么回事。小优告诉谭女士，自从上幼儿园之后，她就对这个陌生的环境感到非常害怕和担忧，身边突然多了很多人，有老师也有同学，这些人都是以前不认识的，她很害怕自己没办法和大家融洽相处，害怕老师会不喜欢她，害怕同学会讨厌她。这些对新环境的陌生和恐惧让她感到非常焦虑，但她又不知道该如何排解这种焦虑，所以才会变得闷闷不乐。

很多孩子其实曾经都有过和小优一样的经历，尤其是那些中途转学的孩子，对这种感受会更为深刻。其实，除了孩子之外，成年人也会出现这样的状况。

张先生今年37岁，已婚，有一个8岁的儿子，在国内一家知名企业任职。几个月前，因为公司业务拓展需要，张先生被派往外地的分公司去"开疆拓土"。对于张先生来说，这是一次难得的升职机会，于是和妻子商量后，张先生调往外地，而妻子则留下陪伴和照顾孩子。

张先生和妻子的家庭模式主要是"男主外，女主内"，但调职之后，妻子就不用再像从前那样照顾张先生的生活，许多生活中的琐事都要由张先生自己去完成。此外，张先生在新公司的工作开展得也不是很顺利，由于观点和思路的差异，张先生和另一名副总之间常常发生争执。

在这样的状况下，张先生的状态变得越来越差，情绪也越来越焦虑。在工作方面，他常常会产生一种无力感，下班后除了待在家里喝闷酒，似乎也找不到别的事情做。在痛苦而颓废地挣扎了两个月之后，张先生在同事的建议下前往心理科就诊，被诊断为"适应障碍"，即因生活或环境的变化而引发的轻度烦恼状态和情绪失调。

无论是谭女士的女儿小优，还是张先生，他们身上发生的不正常的情绪变化，实际上都是由环境焦虑导致的。在进入一个陌生的新环境时，每个人都会产生一定的压力，这种压力并非环境所赋予的，而是每个人经过自己的想象和思考而产生的。简而言之，就是在适应新环境的过程中，自己给自己施压的压力。

如果我们在进入新环境之后，能够较快地适应，那么在适应的过程中，这种压力就会渐渐消退，最终回归正常状态；相反，如果我们在进入新环境之后，因为种种问题而无法适应，那么在这个过程中，这种压力就会越来越明显，我们也会变得越来越焦虑。

像张先生那样，如果在调职之后，生活和工作没有遇到那么多问题，可以很快适应，那么由环境变化而引发的焦虑自然也会很快消退。但是，无论是工作还是生活，张先生都没能尽快掌控，所以才会出现后面的情况。

那么，我们要如何做才能更好地应对环境焦虑呢？

第一，做好预设和心理准备。

在进入新环境之前，先做好预设和心理准备，了解自己可能要面对的问题。在做预设和心理准备时，要把最好以及最坏的状况都考虑进去。考虑得越周全，在进入新环境之后就能越从容地去面对一切可能发生的问题或状况。

第二，强大自己的内心。

进入陌生的环境后，每个人都会有一段不适应期，会遇到各种各样的问题，这是非常正常的事情。在这一时期，有的人会因为种种不顺而焦虑不安，感到痛苦；而有的人则会思考怎样才能解决问题，适应环境。而前者与后者最大的区别就在于内心的强大与否。

一个内心强大的人，无论在怎样的绝境中，都会想方设法地站起来；而一个内心脆弱的人，即使只是遇到小的风浪，也可能一蹶不振。因此，无论什么时候，我们都应该强大自己的内心，提升自我应对能力，让自己有勇气去面对挫折和困难。

第三，针对环境的强化训练。

环境焦虑的产生，归根结底还是不能迅速适应新环境。也就是说，当环境发生改变时，如果我们能够快速适应，那么就不会因此引发环境焦虑。

通常来说，无法适应新的环境，有一个很重要的原因，就是不了解这个新环境。所以，在环境发生改变之后，我们首先应该做的，是对这个陌生的环境进行整体的了解和分析，这样能够帮助我们更好地了解和融入环境，消除陌生感。在熟悉环境之后，就能根据当前环境的需求，有针对性地展开一些强化训练，来帮助自己更好地适应环境、融入环境。

第6节 年龄焦虑——不同年龄的你在想什么？

提到年龄焦虑，很多人第一反应可能会认为，这是要到一定年纪之后才会存在的问题。但实际上，年龄焦虑的出现或许远比我们以为的要早得多。

十七八岁，青春正好，手里仿佛握着大把的时间可以挥霍。但与此同时，青春期要准备参加高考，报志愿，选择自己的未来，一旦落榜，就要进入复读生涯，平白比同龄人慢了一步，开始忧虑自己与周围人的格格不入。

二十岁出头，刚刚步入社会，如同即将盛放的鲜花，正是最好的年华。实习、考研、工作——摆在眼前的选择有很多，却也让人小心翼翼，生怕一不小心走错路，浪费短暂的青春。

二十四五岁，如同盛放的鲜花，看似最为灿烂。但如果还没有稳定的工作，没有稳定交往的对象，没有步入婚姻的条件，那么一切忧虑接踵而至。

三十岁出头，明明美丽依旧，青春不减，却已经被打上"剩男""剩女"的标签，偶尔苦笑自嘲，自称一句"大叔""老阿姨"。

三十五六岁，如果还没建立家庭，还没有养育子女，也许正被催婚。

如果已经家庭美满，那么孩子又将成为下一个新的"焦虑制造机"……

很多人生命的前三分之一就是这么急匆匆过完的，即使年轻时，我们都无法彻底摆脱年龄焦虑，更何况是以后的生命呢？

"什么年龄就该做什么事"——这样的话想必我们一定听过不止一次。长期以来，人们一直都有很强的年龄感，认为人在不同的年龄段，都有必须要完成的"任务"，如果不能在相应的年龄段完成相应的"任务"，人生就会被判定是"失败"的。也正是这样的认知，引发了许多人的年龄焦虑。

据调查，30到34岁这个区间是最容易出现年龄焦虑的时期，因为在这个时期，恰好是人们事业初成、组建家庭、养育子女等一系列事件发生的主要时期。在人们的普遍观念里，如果到了这个时期，还没有完成这一系列事件，那么可以算得上非常不正常。

秦玲玲，31岁，事业单位员工，不久前和刚见过几次面的相亲对象结婚，正积极备孕，避免成为高龄产妇。秦玲玲表示，现在自己最后悔的事情就是没有在大学毕业时就结婚生孩子，以至于现在压力特别大。

卢伟，34岁，集团经理，刚刚迎来第二个孩子，工作和生活压力都非常大，但已经逐渐感受到了年龄增长所带来的"副作用"。卢伟表示，以前年轻的时候，每天加班到深夜，忙起来一天就睡五个小时。但是现在，只要睡得晚了，第二天就无法集中注意力，熬一次夜更是几天都恢复不过来。两个孩子年龄还小，房贷、车贷都没还完，可自己却已经开始老了。

晓娜，32岁，某互联网公司员工，单身，还没有恋爱结婚的打算，但身边的人已经开始全方面展开"催婚"。去年一年，被父母逼着相亲十余次，烦不胜烦。晓娜表示，自己现在正是事业上升期，根本不想考虑结婚生孩子的事情，但无论家人还是朋友，都无法理解自己，有时看着身边的同龄人孩子都快能"打酱油"了，自己也会感到迷茫和无助，怀疑当初的选择是否正确。

在不同的年龄段，引发人们产生年龄焦虑的因素也各不相同，除了最为普遍的工作、婚姻、家庭、生育等方面的因素之外，还有很多因素也都可能成为引发年龄焦虑的导火索。比如对年龄较小的人来说，升学的顺利与否就是引发年龄焦虑的重要因素；而对于年纪大一些的人来说，身体状况每况愈下就是引发年龄焦虑的关键因素。除此之外，还有外貌的改变，孩子的学习，家庭的负担等，都是引发焦虑的重要因素。

那么，面对年龄焦虑，我们应该怎样做呢？

第一，正确面对年龄问题。

要想摆脱年龄焦虑，首先我们要学会如何正确地面对年龄增长的问题。生老病死是每个人都逃不开的自然过程，每个人都会衰老，都会从出生一步步走向死亡，这是不可避免的，我们应该明白和接受生命周期这一客观事实。

没有人可以逆转自己的年龄，与其徒劳无功地挣扎、痛苦，倒不如理智平静地接受现实，因为无论用什么样的状态和心态面对这一点，都无法更改这些客观事实。

第二，发现并善用年龄的附加价值。

从孩提时期成长到成年时期，随着年龄的增长，人们从稚嫩走向成熟，身体机能得到充分的成长和发育，这就是年龄增长所带来的附加价值。

成年之后，年龄增长所带来的，似乎就是很多"副作用"了，头脑变得不再那么灵活，身体机能逐年下降，就连外貌也一直经受着岁月的风霜。但除此之外，岁月洗礼后的成熟，时间堆砌出的智慧，又何尝不是年龄增长所带来的、不可替代的宝藏呢？

我们阻止不了年龄的增长，也无法拒绝这个过程带来的"副作用"，但我们可以通过自己的所思所想和所作所为，来决定在这个过程

学会正确面对年龄增长，没有人能逆转时间，与其徒劳无功地挣扎，不如享受当下。

中，我们能够获得多少"宝藏"。重要的是，我们是否学会发现并善用年龄的附加价值，而不是浪费时间和精力，去徒劳无功地对抗不可违的年龄增长问题。

第三，顺应自然，把握自己的生活节奏。

在合适的年龄做合适的事情，不可否认，这确实是一种相对优化的人生方案，因为我们在每个不同的年龄阶段，都会有不同的身体状况和思维状况，做符合当前状况的事情，当然能够收到最佳的效果。

但优化的人生方案不代表就一定是人生的标准答案，人生是没有标准答案的，只有自己才知道自己最想要什么，什么最适合自己。通往成功和幸福的路有很多条，只要这一生过得精彩，不后悔，那么无论选择哪条路，都是人生的正确答案。

所以，别再去盯着大众认可的"优化人生"了，你就是你，是独特的你，是世界上独一无二的你，无论在哪一个年龄阶段，只需要顺应自然，把握好自己的生活节奏，过好每一天，专注当前，才是最好的生活状态

第7节 分离焦虑——应对不同成长阶段的分离

婴儿在离开亲人的怀抱时，都会出现焦虑不安的情绪反应，有的甚至会直接嚎啕大哭，这实际上就是一种分离焦虑的表现。

在人的一生中，会经历无数次与朋友、亲人甚至爱人的分离，这是不可避免的。而每一次分离，无论对于哪一方来说，都会引发一些负面的情绪反应，这是非常正常的。但如果这种负面的情绪反应不能得到及时的调整和缓解，甚至超出一般的限度，那么有可能导致人们出现分离焦虑的症状，进而影响正常的学习、工作和生活。

通常来说，在不同的成长阶段，我们所需要面对的分离以及引发分离焦虑的因素也各不相同。

第一，儿童时期：和父母分床，离开家去上学。

很多孩子在刚刚开始和父母分床睡，或者离开父母去上幼儿园时，情绪状态都会出现一些变化，比如会表现得焦虑不安，或者突然变得对父母十分依恋，甚至用嚎啕大哭来表示抗议。

有一些孩子在经过一段时间的适应后，会自发调节好情绪，接受与父母的分离；但也有一些孩子，在情绪和心理状态调节方面比较弱，因此在与父母分离时，表现出来的负面情绪会更严重，甚至可能很长一段时间都无法进行自我调整，进而产生分离焦虑。

> 林女士的女儿瑶瑶刚上幼儿园时，抵触情绪就非常严重，哭闹了好几

次。一开始，林女士以为只要狠狠心把瑶瑶送去幼儿园，等过两天适应之后就没事了。但没想到的是，每次瑶瑶哭闹完之后，都会发低烧，晚上睡觉也不安稳，常常从噩梦中惊醒。

瑶瑶的状况让林女士非常担忧，经过寻求心理咨询之后，她才意识到，瑶瑶很可能出现分离焦虑。在心理咨询师的帮助下，林女士重新安排了自己的工作，每天亲自接送女儿，并抽出更多的时间在家里陪伴她。渐渐的，瑶瑶的情况有了明显改善，频繁低烧的情况也消失了。

对于年幼的孩子来说，父母就是他们安全感的来源。当他们"被迫"与父母分离，开始一个人睡觉、一个人上学时，往往会产生一种即将被父母抛弃的错觉，而这种错觉正是导致他们产生分离焦虑的主要原因之一。

因此，想要消除孩子的分离焦虑，关键在于增强孩子的安全感，要让孩子明白，无论是分床睡，还是送他们去幼儿园，都不代表"抛弃"他们，这是每一个孩子成长过程中的必经之路。

第二，青春期时期：独立、自我分化。

如果说世界上所有的爱都是为了在一起，那么唯有父母与孩子之间的爱是为了实现更好的分离。

父母与孩子之间有着血浓于水的牵绊，这种牵绊让他们彼此依赖，相互依存。但是随着孩子的成长，进入青春期后，他们将会经历一个独立和自我分化的过程，在这个过程中，他们会渐渐离开父母的羽翼，成长为独立的个体。在这个过程中，无论是父母还是孩子，都可能会出现分离焦虑的情绪。

小雅今年刚上初中，上的是一所寄宿制学校，只有节假日才能回家，平时也不能用手机与外界联系。

刚开学时，面对陌生的同学和陌生的环境，小雅非常不习惯，晚上睡觉时，常常会因为太想念爸爸妈妈而忍不住哭泣。

每天早上五六点，小雅都要跑到公共电话亭给爸爸妈妈打电话，说上几句话之后再返回宿舍去睡觉，要是哪天落下了，或者爸爸妈妈没有接听电话，那么接下来的一整天小雅都会感到惴惴不安，焦虑不已。很多时候，因为担心睡过头导致上课迟到，小雅在打完电话回宿舍之后都不敢继续睡觉，但她依然还是坚持这么做。

由于每天都要提早起床，小雅睡眠很不好，上课常常打瞌睡，成绩明显下滑。再加上对住宿生活的不适应，开学一个多月后，小雅也没能结交到关系亲近的朋友。在各种压力之下，小雅的情绪变得越来越不稳定，饮食和睡眠也都受到了影响，一个多月的时间里，竟瘦了几斤。

周末是小雅最期盼的日子，因为到周末就能回家了。而周一则是小雅最恐惧的日子，一到周一，她又必须离开家，回到让自己痛苦的学校。几乎每个周末即将结束时，小雅都会在家里闹脾气，不肯回学校上课。

刚开始时，小雅的父母并没有把她的异状放在心上，只以为是女儿平时太过娇惯，等适应之后就会有所改变。直到后来，发现小雅的情况愈演愈烈，才去寻求心理咨询师的帮助。

心理咨询师评估后发现，这是分离性焦虑的症状。从小到大，小雅都是在妈妈细心照顾下成长，生活上的琐事也都是由妈妈一手包办，所以无论是心理上还是生活上，小雅对妈妈都有着非常严重的依赖心理。而现在，由于学校的政策要求，小雅被迫直接与妈妈分离，一时之间根本无法适应，所以才会出现分离性焦虑。

最终，在心理咨询师的建议下，小雅的父母和学校进行沟通，暂时为小雅申请走读。之后，在心理咨询师的帮助下，小雅渐渐放平心态，在学校里也交到了新的朋友。三个月以后，小雅逐步恢复正常，并且主动与家人沟通，计划办理住宿手续。

第三，空巢期：子女彻底独立，父母进入老年阶段。

当子女长大成人，为了事业离开家乡，或者组建了自己的小家庭脱离原生家庭独自生活。那些没有选择和子女同住的父母就不可避免地需要面对"空巢"问题。这是一个比较艰难的时期，随着身体机能的衰退，进入老年阶段的父母也将体会到明显的自我价值和家庭价值的降低感，如果不能及时调整情绪和心态，积极应对，做好身心健康的防护，就很容易会出现分离焦虑的情况。

处于这个阶段的人，一定要注意自己心态的发展和变化，在出现较大的空虚感和失落感时要及时调整心态，积极做好生活规划，保持与朋友的沟通和社会性的互动交流。如果有条件，可以寻找一些兴趣爱好来丰富自己的生活，填补因子女离开而造成的空虚感和寂寞感。

第8节 死亡焦虑——我们都无法回避的死亡主题

在现实生活中，我们会考虑和谈论人生中的诸多大事，如结婚、工作、离家，第一次买了房子，第一次去户外登山，第一次出国……但还有一件重大的事情，我们却习惯避而不谈，选择性地回避与忽视，这就是死亡。

死亡是什么？死亡会带来什么？死亡后留下什么？时至今日，这些问题也始终没有确切的答案。

死亡焦虑，这是一个总被人们屏蔽，却无论谁也无法回避的问题。死亡意味着分离、恐惧、未知、不可掌控，这些因素，每一个都是最能引发和催化焦虑情绪的"元凶"。在死亡面前，每个人都会产生即将面临死亡的恐惧感，以及正在经历死亡的焦灼感，这两种感觉交织在一起，就形成了死亡焦虑。

死亡的焦虑来自深入骨髓的失控和无助感，在真正亲历死亡之前，没有任何人能真正窥见死亡的真实面目，也没有任何人能真正理解死亡这一概念。也正因为如此，所以在面对死亡时，我们永远无法释怀，也永远无法做到真正地坦然以对。

下面是一位女士的自述，分享了她经历最深刻的一次关于死亡的焦虑——

2014年，我的父亲去世了，享年60岁。那时候，我刚刚生完二胎，还在哺乳期。当时父亲正在生病，但我从来没想过他会在那个时间去世，因为我的长辈们都很长寿，我的爷爷、奶奶、外公、外婆，几乎都是80岁之后才去世的，所以我没有任何心理准备。

还记得那天接到姐姐的电话，她一边哭一边对我说："爸爸身体出了问题，需要做手术，医生说可能会有生命危险。"

当时我觉得非常不可思议，因为父亲的身体一直都很好，这是自我记事以来第一次听说他生病住院的消息，但我并没有想到那会是他的最后一次住院。收到消息之后，我立即带着刚两个月大的孩子回了老家，陪伴在父亲的身边。

那段时间，为了寻找一丝转机，我们四处寻访名医，只希望能够尽可能延长父亲的寿命。但当时父亲总是不愿意配合治疗，他认为自己的身体非常健康，没有什么问题。没过多久，父亲的身体就出现紊乱，进入衰落期，他终于意识到了问题的严重性。

父亲的病情恶化得很快，从发现到离开，仅仅只有三个月的时间。在父亲离世的时候，我还在哺乳期，或许也是因为这样，所以在第一个月时，我并没有出现明显的情绪问题，整个人看上去都非常平静。

然而，当带着孩子回到自己家里以后，我的情绪开始变得不对劲。我时常会突然忍不住哭泣，或者因为无关紧要的小事就大发雷霆，我感到十分痛苦，前路一片迷茫，生活也失去了本来的色彩和意义。

有一次，我和丈夫又因为一些无关紧要的小事发生了争吵，我控制不住地冲他大吼道："在这个世界上，已经没有人爱我了！"在说出这句话之前，我一直都没有意识到，原来父亲的离世对我的心理造成了这样大的影响。从他去世的那一刻开始，我的内心就已经认定，这个世界上最爱我的人不在了，不会再有任何一个人能像他这样无条件地爱着我。

我开始频繁担心自己的身体和家人的健康，我帮身边所有的亲属都安排做了全面的身体检查，但即使如此，我仍旧感到惶惶不安。

那段时间，我丈夫刚好要出国考察一个项目，在发现我的异样之后，便提议让我和他一起去，就当是给自己旅游放松。当时我很犹豫，但在大家的劝说下还是同意了丈夫的提议，把两个孩子交给家人照顾。

短暂的旅行似乎确实对我焦躁不安的情绪起到了一定的安抚作用。但就在回国的第二天，儿子突然发烧入院，而一个月治疗中出院两次又反复发烧不退再入院，我的情绪瞬间陷入崩溃，无助和恐慌如同潮水一般淹没了我所有的感官，我的脑海中无法抑制地涌上许多与死亡相关的可怕后果。在无助哭泣的这一刻，我突然意识到，这种无助和恐慌的感觉，竟与父亲去世时的感受一模一样，也是到了这个时候，我才终于发现，原来我把对父亲死亡的焦虑投射到了儿子的生病这件事上。

我在发现自己的死亡恐惧情绪后，及时调整平复好情绪。在治疗后，儿子的病也好了。在家人的陪伴和心理咨询师的帮助下，用了近一年的时间，我才终于能与离世的父亲真正地告别，平复自己的情绪，调节自己的生活。

从这位女士的讲述中，我们看到了一个人在经历死亡焦虑后，自我重建的过程，这是一个沉痛、深刻，并且充满力量的心理独立性的成长过程，如同生死离别的伤痛中开出的美丽鲜花。

死亡焦虑是所有人都无法回避的主题，那么，在产生死亡焦虑时，我们应该如何应对呢？

首先，肯定自己，通过自我肯定来抵抗死亡信息带来的负面影响。

其次，转移注意力，用其他事情来吸引注意力，从而降低对死亡的过度关注。

最后，加深对死亡的理解，认真对待死亡，学会从对死亡的思考中寻找生命的意义。

第六章

焦虑的身体 VS 身体的焦虑

> 焦虑虽然是一种负面情绪,影响的却不仅仅是心理,在生理上也有明显的表现。生理上的不适,不仅影响到生活和工作,还会加深焦虑。因此,缓解生理上的不适,也是缓解焦虑重要的一环。

第1节　焦虑影响健康，不健康更焦虑

提到焦虑，很多人首先想到的是人心理上的一种情绪，但事实上，焦虑对我们造成的影响，不仅仅只存在于心理上。

下面，我们来分享一个与焦虑有关的真实案例。

童先生今年还不到50岁，是当地某事业单位的一名领导。他的身体状态很不错，但却是医院心内科病房的一位"常客"，时不时就会因为心脏不适入院治疗，具体表现为发作性心慌、气短、胸闷、心脏疼痛。

但奇怪的是，每一次童先生因为心脏问题入院治疗时，进行的一系列检查都表明，他的心脏非常健康，没有任何问题。他自己也辗转去了不少医院，把能做的检查都做过了，也没查出任何问题。

这样的状况一直持续了数年，直到后来，在一位同事的建议下，童先生走进了心理咨询室。

心理咨询师在和童先生沟通的过程中，了解到了这样一件事：童先生在第一次出现心脏病疑似症状前，曾代表单位去慰问一个生病住院的同事，这个同事年纪比他小一岁，平时看上去也很健康，但心脏却出了问题。当时，童先生去慰问同事，两人正在谈话，住在同事隔壁床的患者突然心脏病发，童先生目睹了医生冲进病房紧急抢救，最终抢救失败的全过程。那件事之后，童先生经常会想起那个场景，渐渐地，便感觉自己的心脏似乎也有些不对劲，就此展开了他漫长的求医之路。

经过深入的了解和分析后，心理咨询师认为，童先生并不是心脏方面出现问题，而是患上了焦虑症，而引发焦虑症的导火索，正是那次目睹心脏病人死亡的事件。

从童先生的经历可以看出，焦虑症不仅仅只体现在情绪之中，它同样反映在身体之上。焦虑症和普通的心情不好，或者情绪紧张不同，它是一种切实存在的精神疾病，甚至可以直接影响到我们的身体机能。而最困难的一点是，当焦虑症影响到我们的健康之后，健康恶化后又会反过来加剧我们的焦虑，从而形成恶性循环。

焦虑症对身体健康的危害非常大。

第一，睡眠障碍。

睡眠障碍是焦虑症造成的最普遍问题之一，患有焦虑症的人，睡眠质量通常都不会太好，会经常做噩梦、容易惊醒，或一旦惊醒就很难入睡。

而睡眠障碍又会进一步影响人们的身心健康，因为得不到充足的睡眠和休息，人们的身体机能受到了损失，工作时也很难集中精力，久而久之，无论对工作还是生活，都会造成很大负担。

第二，癌症诱因之一。

被焦虑症困扰的人，精神长期都会处于焦虑、压抑、苦闷、悲哀、恐惧、沮丧等负面情绪之中，虽然这些情绪并不会变成直接致癌的因素，但长此以往，这种负面的持续性刺激必然会降低人们肌体的免疫力，从而提高患癌概率。

第三，植物神经功能障碍和躯体不适感。

心跳过速、多汗、肌肉紧张、双手震颤等状况，都是焦虑症的表现，这些表现实际上源于焦虑症所引发的植物神经功能障碍，如果焦虑症状始终得不到缓解，那么这些症状的出现不仅会对正常的工作和生活造成影响，同时也会对身体机能造成伤害。

第四，诱发其他疾病的概率增大。

有研究表明，长期处于焦虑情绪的男性中，大约25%的人都患有心脏病；而长期处于焦虑情绪的女性中，死亡率要比正常女性高出23%。此外，在这部分人中，有23%的人都患有心房纤维性颤动类的疾病。

可见，焦虑症并不像我们想象得那样无害，当发现自己已经出现焦虑的苗头，却又没办法缓解时，一定要引起足够的重视，别等到造成无法挽回的伤害之后再来后悔。

焦虑症并不像我们想象的那样无害，当发现自己已经出现焦虑情绪状态，却又无法自我缓解时，一定要足够重视，避免焦虑的症状加重，对身心健康造成更大的伤害。

第2节 为什么焦虑的人更容易疲惫？

你或许曾有过这样的体验——

工作还是和从前一样，每天做的事情也没有多少变化，可就是感觉非常疲劳，总是沉浸在一种紧张焦虑的情绪之中，呼吸不畅，容易疲劳，即使很困也很难入眠，睡着后又不安稳，极易惊醒……

你或许怀疑过自己的身体可能出了问题，也可能去做全身检查，却发现除了一些小毛病之外，身体相对比较健康。如果你曾经历过，或者正在经历这些，那么进一步关注自己是不是已经患上焦虑症。

焦虑是一种非常普遍的情绪反应，是每个人都曾有过的体验。即将面临一件重大的事情，马上就要登台演讲，自己的表演已经快要开始，面试官就在这扇门的背后，很快就要向心爱的人告白，考试成绩还有几分钟就要宣布……在这些情况下，我们都可能会感到焦虑，这是正常的反应。

当我们处于这样的焦虑情绪中时，心跳会加快，手心会冒汗，整个身体仿佛都紧绷了起来——不得不说，这真是一点儿都不轻松。这只是正常的焦虑情绪，如果是病态性的焦虑，那只会更严重。正常的焦虑情绪可以自动化解，而焦虑症则是一种过度、长久且莫名的忧虑与担心。

当患上焦虑症时，会有以下七点表现。

第一，时刻处于"准备就绪"的状态。

内心的焦虑情绪会让我们时时刻刻不由自主地"杞人忧天"，我们会不停设想各种糟糕的场面和结果，担忧一切可能会发生的意外。在这样的状况下，我们不得不时刻让自己处于"准备就绪"的状态，做好一切准备去应对所有可能发生的意外，即使最后什么都没有发生，但始终保持准备状态也会让你筋疲力尽。当然，这样做也并非没有任何好处，至少在伙伴们眼中，我们非常可靠。

第二，总觉得必须做点什么事情。

任何脱离掌控的事物都会加剧我们内心的焦虑，这时必须去做些什么，好让自己不再胡思乱想，并且确保能一直领先。内心仿佛有一股强烈的使命感，这种使命感催促着我们必须马不停蹄地跑到所有人前面，仿佛有一个声音时时刻刻都在催促着我们，必须不停地向前，掌控一切。

第三，控制自己"处变不惊"。

我们的内心越是焦虑，外表就必须越是沉稳可靠，处变不惊，不能让别人知道我们的弱点，更不能让别人看到我们摇摇欲坠、早已乱成一团的内心，否则焦虑会变得更加严重。或许在别人眼中，我们已经表现得足够完美，但自己却无法这么认为，内心的焦虑总在提醒我们是"不完美"的，所以无论怎么做，做得有多好，都始终不能满足，总想着要做得更多，更好。

第四，不想让任何人感到失望。

焦虑的情绪已经让我们十分痛苦，如果再感受到别人的失望，也许自己会陷入崩溃。所以很害怕从别人眼中看到失望的目光，因此我们必须去取悦他们，满足他们，成为所有人眼中最好的那个人，哪怕牺牲自己的感受，因为对于早已被焦虑淹没的人来说，自己的感受和需求早已经无足轻重。

第五，总是十分警惕一切风吹草动。

我们的神经就像是拉开的弓，始终保持着紧绷的状态，警惕着周围的一切风吹草动，只要有一点点不对劲，都会陷入无边的恐惧。感觉自己就像站在钢丝上的人，脚下就是万丈深渊，只要走错一小步，瞬间就会粉身碎骨。无时无刻不在承受着巨大的压力，这让我们变得暴躁、易怒，别人看来无关紧要的小事，也随时可能成为激怒我们的导火索。因为实在太害怕、太紧张、太焦虑，很累，却不敢丝毫放松，也没有办法放松。

第六，会无意识地重复某个动作。

在焦躁不安的情绪中，我们会发现重复某个动作似乎可以稍微缓解一下焦虑，于是这几乎成为一种本能，我们总会有意识或无意识地重复做一些事情，或者某个动作。比如反复不停地确认门有没有锁好；一遍又一遍地搓洗双手；不停地抓挠脑袋；无意识地撕扯指甲边缘的皮……不停重复动作只会让我们越来越疲惫，但同时也让焦虑变得越来越少，我们以为自己终于找到了正确的方式来战胜焦虑，但事实上，这只是让我们变得更疲惫而已，当精力再次蓄积时，我们会发现，那些可怕的焦虑又回来了。

第七，思绪无论如何都无法停下。

我们已经太久没有感受过大脑放空、思绪停止的感觉了，即使进入睡梦之中，也感觉不到安宁和平和。哪怕睡得再久、再沉，在起床那一刻，也依然感到无比的沉重与疲惫。我们发现自己无法从任何状态中获得真正的休息，无论是发呆还是睡觉，都无法获得真正的放松。我们的思绪无论如何都停不下来，我们总在不停地思考，就像是不停转动的机器，零件运行已经超负荷，可依然无法按下"暂停"键。

这就是困扰着人们的焦虑症，当我们被这种名为"焦虑"的情绪裹挟时，无论是我们的身体还是大脑，都在遭受焦虑的折磨，深陷于这样的折磨之中，我们又怎么可能不感觉到疲惫呢？

第3节　容易激化焦虑的饮食习惯

当我们感到焦虑，或者情绪不佳候，有什么方法可以帮助我们迅速从这些负面情绪中脱离出来呢？面对这个问题，很多人脑海中想到的第一个方法应该就是——吃。

吃东西是我们在日常生活中最快速，也最容易获取多巴胺的一种方法，特别是高油、高糖、高脂肪的食物，最能带给我们满足感。因此，很多人会把进食当作是对抗焦虑、悲伤、压力、孤独等负面情绪的方法。焦虑化进食的情况就是这样出现的。

所谓焦虑化进食，指的是人们在日常生活中，因情绪反应而引发的饮食模式或习惯的变化，而这种变化的产生主要是为了应对情绪变化的需要，而非饥饿。简单来说，一旦感到焦虑难安，就会难以自控地想要吃东西，以此来增强自己对抗焦虑的决心。

但是很显然，焦虑化进食并不能真正帮助我们治愈焦虑，用这样的方式去对抗焦虑，无异于饮鸩止渴。在咨询中，我们也常常见到因焦虑和压力而引发暴饮暴食的进食障碍。

说到这里，有人可能会问：饮食习惯与焦虑症之间真的有关系吗？

答案是肯定的。事实上，早在2300多年前，希波克拉底就曾说过这样一句话："所有的疾病都始于肠道。"

"民以食为天"，饮食对于每个人来说都非常重要。当然，摧毁我

进食这件事的确有着神奇的魔力，它能让我们的情绪更加平稳，让我们的心情更为愉悦。

们健康的罪魁祸首不一定是食物，但绝对是我们的身体与环境之间对话的重要声音。很多时候，人们对食物的依赖远比我们认为得要更严重，即使知道自己的某些选择正在削弱甚至杀死我们的健康，我们还是"坚定不移"。

食物的选择偏好甚至是进食的方式，对我们的身体甚至是情绪的影响不言而喻。如果我们是长期患有焦虑症的人，那么当我们去就诊的时候，心理咨询师很可能会建议我们改变饮食习惯，抛弃高脂肪、高碳水化合物，选择低脂肪、低碳水化合物。如果愿意遵循医嘱，一段时间之后就会发现，这样的饮食方式的确成功减少了焦虑的发生。

那么，究竟有哪些饮食习惯会间接地加剧我们的焦虑感呢？

第一，进食速度过快，注意力分散。

食物的作用不仅仅只在于饱腹，事实上，如果我们能在轻松愉快的氛围下，全身心地放松去享受食物，就会发现，进食这件事的确有着神奇的魔力，它能让我们的情绪更加平稳，让我们的心情更为愉悦。

但现在，有很多人或许是因为时间太紧迫，吃饭时速度总是非常快，并且还习惯一边吃饭一边看电视或玩手机，有时候吃完一顿饭，甚至都没意识到自己刚才究竟吃了什么东西。这样的进食习惯非常不健康，不仅会伤害到我们的肠胃，还可能会影响我们的情绪，加剧焦虑。

第二，咀嚼次数不够。

人体就像是一座秩序井然的工厂，每个车间、每个岗位都有各自对应的工作，无论哪一个环节"掉链子"，最终都会影响到整个流程的运作。而在人体这座工厂中，牙齿的作用就是咀嚼食物，并将其磨碎，方便我们的肠胃吸收。

通常来说，咀嚼的次数控制在15~20次是最合适的，如果咀嚼的次数过少，那么食物后续的消化与吸收就会耗费更多的时间，加重肠胃的负担，从而导致胃疼、胃胀、消化不良等问题的发生。而肠胃的不适自然会加重我们的负面情绪，继而间接加剧焦虑。

第三，饮食不规律。

饮食不规律是很多现代人都存在的问题，为了多睡一会儿而选择不吃早餐，或者因为工作太忙碌一天都不能进食，这样的状况是非常常见的。

饮食不规律带来的一大副作用就是低血糖，而低血糖的症状很多人都知道：心悸、饥饿、大汗淋漓……在这样的情况下，很容易引发压抑在心中的焦虑情绪。

除了进食的习惯之外，对食物的偏好同样能够影响到情绪问题。而这其中，一般会建议减少糖的摄入。研究表明，减少对糖的摄入确实能够有效减少焦虑的发生，这是非常重要的一点。

2009年，国外一个研究小组针对饮食与焦虑的问题，对挪威霍达兰郡一个大型流行病学数据集进行了研究。他们发现，整体的饮食习惯与焦虑的确是相互关联的，很多现代的饮食习惯都会导致焦虑症风险的升高。尤其是食物中的胆碱成分，与焦虑之间更是存在非常微妙的相关性。据研究，胆碱消耗量的高低与焦虑症的风险似乎是成反比的，也就是说，只要提高胆碱的消耗量，就能有效降低焦虑症的风险。而胆碱是一种和维生素B十分类似的成分，在鸡蛋、豆腐以及大多数肉类中都存在。

发酵食品也是抵抗焦虑症的一个重要的选择，据研究，发酵食品对人的肠胃和脑回路都有重大影响，摄入发酵食品可以在一定程度上遏制焦虑情绪的产生。美国的一些诊所就常常使用发酵食品来帮助焦虑症患者增加微生物群体的多样性，进而影响他们的身体和心理健康，遏制焦虑情绪的产生。

2011年，某医学院在一项实验中发现，补充ω-3脂肪酸能够有效降低人的焦虑水平。鱼类、贝类中富含ω-3脂肪酸，将鱼类和贝类等食物加入食谱，就能获取到。

无麸质饮食对改善焦虑也有很大帮助，一项针对乳糜泻疾病患者食用无麸质饮食的追踪调查中发现，在这些被追踪的对象中，大约有72%的人存在较为显著的焦虑问题，而在坚持一年多的无麸质饮食后，这些患者中出现焦虑情绪的比例下降到25%。可见，无麸质饮食对改善焦虑确实有一定作用。

当然，比起食物种类的摄入，健康规律的饮食习惯才是最重要的，好好吃饭、好好睡觉、好好运动，这才是对所有人来说最健康也最有效的"保健药"。

第4节 放松自己，从身到心

对于处于焦虑中的人来说，一次全身心的放松比任何特效药都更有效。很多人其实未必真的知道该如何去放松自己，通常来说，人们提到"放松"这两个字的时候，脑海中想到的，可能是一杯酒或一次旅行等，但实际上，真正的、全身心的放松，并不需要借助任何媒介，甚至只需要在自己的家中就能轻松达成。

事实上，放松这件事是可以通过练习来做到的，我们只需要每天抽出大约十五分钟的时间来练习放松，坚持一段时间后，就会感受到奇迹的发生——血压降低、紧张性的头痛减轻、焦虑水平显著下降，甚至就连睡眠质量都有明显的提高。

当我们学会如何全身心地放松时，我们的神经系统也会得到安抚，它们将学会如何平静地去面对刺激，而不是像以往我们处于焦虑状态时那样，时刻都处于应激状态，就像竖起尖刺的刺猬一样，一点小小的刺激就能引爆焦虑。

这听上去似乎有些不可思议，但事实上，放松确实可以通过科学训练达成，无论我们的人生充斥多少紧迫的事情和困难的挑战，我们都可以通过科学的训练来达成全身心的放松，从而有效缓解焦虑的情绪。

那么，接下来，让我们开始吧！

来自哈佛大学的著名心理学家赫伯特·本森提出过一种名叫"生理

放松反应"的方法，简单来说，这种方法可以通过引导人们进行深度呼吸来减缓心率和呼吸频率，并降低大脑的活跃程度，以此来达成全身心的放松状态。

先选择一个最令我们感到舒适和放松的姿势安静地坐下，然后，闭上双眼，从脚开始，放松肌肉，然后是小腿、大腿、腹部、肩膀、脖子，接着是整个头部，让这些部位依次松弛下来。自然舒缓地进行呼吸，拉长呼吸的频率，做这些动作的时候不用太快，慢慢来。吐气的时候可以重复默念"1"。

不要过于在意我们正在做的事情，也不要给自己设立任何标准，无论此刻脑海中出现什么样的想法，都在心里对自己说"好吧好吧"，然后继续重复下去，保持一种开放的态度，不需要反思或强调自己的动作。

保持这样的状态大概10到20分钟。时间到了之后，不要急着立刻站起来，继续安静地坐在椅子上，等待思绪慢慢聚拢，然后再睁开眼睛，继续给自己一分钟的时间，然后再起身。

这并不难，对吗？只需要每天练习一到两次，可以安排在早餐之前或者晚餐之前，这两个时间点都是非常不错的选择。

当然，如果有人认为只依靠呼吸实在很难达成全身心的放松状态，那么也可以试试看加入一些绷紧和放松肌肉群的动作，这能够让我们的身体更快、更清晰地进入放松状态，从而带动我们的心理。

一方面，需要为自己安排一个安静并且舒适的环境，排除一切可能会对我们造成干扰的噪音。光线最好暗一些，温度要适宜，不能太冷也不能太热。

另一方面，要穿得舒适，最好去除一切可能会给我们带来束缚感的衣着，包括首饰、眼镜等物品。

现在，我们可以躺下，或者窝在舒适的沙发里，沙发最好是带扶手的那种，接着尽可能舒展四肢，让整个后背、脖子、肩膀，都完全放松地靠在沙发背上。

在这个过程中，如果我们的脑海中不由自主地浮现出各种想法，那么就当它们不存在，不需要试图将它们赶出脑海。事实上，这么做也不会有任何用处，只会打断我们放松的状态，让我们重新紧张起来。所以，不必在意，顺其自然就好。

闭上眼睛，做几次深呼吸。吸气时，用鼻子轻轻地、缓慢地将气体吸入，然后让气体从嘴里缓缓呼出。就这样重复5次，然后再恢复正常的呼吸频率，但依旧保持用鼻子吸气，用嘴吐气的方式。

吸气时，在心里默念"坚持"；吐气时，在心里默念"放松"。可以把这当作是在打节拍，保持住这种节奏感，并感受此刻内心的平静。

接下来就轮到肌肉群了，从小腿开始，用力绷紧，然后再松弛下来，继续之前的呼吸方式。接着是大腿、臀部、骨盆、腹部、背部、胸部、颈部、下巴、额头、肩膀。

所有紧张的部位都已经松弛下来了，现在，就请好好享受此刻的放松感吧！

一切的情绪和心理问题，都绕不开一个关键点：与自己对话，同自己和解。而想要达成这个目的，最行之有效的方式莫过于冥想。

关于冥想，有两个关键点需要记住：一是学会有意识地专注于当下；二是学会有意识地放任某些体验，如情绪、身体感受、想法等，然后再回到当下。

记住这两个关键点后，我们就可以开始冥想了。

同样，先选择一个舒服的姿势，因为接下来，我们将要保持这个姿势大约20分钟，所以，舒适感是最重要的，只有先保证舒适，才能让我们的身体迅速放松下来。

接下来依旧是从呼吸开始，将注意力集中到呼吸上，不要在意脑海中突然冒出来的各种想法，不需要去遏止它们，也不需要做出任何反应，只要继续关注呼吸即可。认真感受空气从鼻腔进入，并缓缓充盈到腹部的感觉，接着再继续感受，腹部的空气随着呼气被抽出，离开我们的身体。

重复几次后，我们的脑海中或许会开始像走马灯一样出现一些曾经发生过的画面，也可能会突然感觉自己的听力变得敏锐了，许多以往不曾留意过的声音都清晰地出现在耳边，可能是窗外的一声犬吠，可能是来自邻居的争吵，也可能是风吹过树叶的"沙沙"声。总而言之，不管引起我们注意的声音是什么，这都不重要，顺其自然地去聆听，然后继续关注我们的呼吸。

不要控制思绪，也不要控制注意力，无论是什么东西突然引起了我们的注意，不必太在意，可以关注它，直到对它不再感兴趣。接着再继续让注意力回到我们的呼吸中。在这个过程中，我们或许会产生许多平时不曾留意过的想法，也可能会注意到某些难以分辨的情绪，这都没关系，只需要放任它，然后觉察它。

当冥想练习结束时，别忘了给自己一些正向的鼓舞和祝福，这对我们的情绪和心理都有很大的帮助。比如我们可以对自己说：

"我很好，而去我还会慢慢快乐起来。"

"痛苦与磨难都将离我而去。"

"我将获得快乐与安宁。"

"我是安全的，一切美好将陪伴在我身边。"

第5节 对抗焦虑

当焦虑突然爆发，整个人陷入焦躁不安和恐慌无助的情绪中时，我们听到最多的建议可能是"冷静一下""放松""别着急"。但是，实际上只要有过这种经历的人都知道，这样的建议就好像我们对一个怒发冲冠的人说"别生气"一样，是完全无效的。

这并不奇怪，如果我们在陷入焦虑时，真的能做到控制自己的情绪冷静下来或者放松一些，那么我们也就不会被焦虑症困扰了。当我们感到焦虑时，即使我们已经意识到了自己的问题，也明白如何做才是最好的，但却依旧无法控制自己的情绪与思维，这才是焦虑症最让人困扰的地方。

我们焦虑不安，但与此同时，我们也清楚地明白，这样的情绪不能解决任何问题，也无法带来任何帮助。有时这种情绪暴发得毫无征兆，我们甚至都不知道是什么刺激了它的暴发。但是，可那又如何呢？即使我们不断地告诉自己，快冷静下来，放松一些，也毫无用处。

那么，当焦虑的情绪暴发时，我们应该怎么做呢？

在回答这个问题之前，我们不妨先来回忆一下，以往感到焦虑时，我们会做些什么事情呢？有的人可能会不停地吃东西来缓解焦虑；有的人可能会打电话向朋友喋喋不休地抱怨；有的人可能会选择到健身房挥汗如雨；有的人可能会无意识地重复一些单调的动作，比如不停地检查门锁或洗手。

虽然每个人缓解焦虑的方式各不相同，但我们可以看出，无论是哪一种方式，都需要我们来做些什么，而不仅仅只是简单地对自己下达"冷静"或"放松"的指令。焦虑的感觉，就仿佛是一股暴虐的能量，充斥在我们的身体中，我们总是需要去做点什么，来引导这股力量，将它化解开，只有这样，才能真正抚慰这种焦虑的情绪。

接下来，我们分三步来有效地与焦虑展开对抗。

第一步，三分钟注意力练习。

先给自己安排三分钟时间，一起来努力地把注意力转移开。在这三分钟里，我们可以自由选择站着、坐着还是躺着，舒适即可。

第一分钟，我们要给自己进行一个简短的采访，询问自己几个问题：

我现在正在想些什么？

形容一下我此刻的感受是怎样的？

我的身体有什么异样吗？

接着，我们要回答这些问题，只需要回答和描述当下的状况即可，不需要去考虑自己的答案究竟是好是坏，是对是错，甚至不需要在意自己给出了什么样的答案，只要回答出来就可以。

第二分钟，把注意力集中到呼吸上，当然，这不是让我们去控制自己的呼吸，只是让我们注意，或者可以默数呼吸的频率。继续保持正常舒缓的呼吸，然后跟随着呼吸数数，不需要去控制，也不需要去思索。

第三分钟，现在，让注意力继续回到身体的感觉上，调动感官，去留意周围的环境、声音、气味，我们的思绪可以去分辨这些，感受这些。

好了，三分钟结束，乱成一团的思绪是不是已经得到改善？别着急，如果我们依旧无法摆脱焦虑感，那么继续进行下一步。

第二步，让身体动起来。

当我们因为心理疾病或者情绪问题去寻求治疗师的帮助时，在治疗师给出的建议中，有一条几乎所有治疗师都会给出，那就是加强锻炼。

许多研究成果都表明，运动对于减轻抑郁症和焦虑症这一类心理疾病症状确实有着非常显著的效果。虽然目前研究人员还无法给出确切答案，告诉我们运动究竟是如何影响和作用于抑郁和焦虑，但不可否认，它的作用毋庸置疑。

所以，快让我们的身体动起来吧！

当我们在运动时，体内会产生一种能够让人感到快乐的荷尔蒙，即多巴胺。这大概就是为什么保持良好运动习惯的人，通常都不太容易焦虑的缘故。但在焦虑情绪暴发时，想要通过运动来达到抚慰情绪的目的，似乎并不太现实。毕竟想要通过运动来分泌多巴胺，我们至少得保证持续运动半小时以上，才能产生些许成效。更何况，焦虑的暴发可不会考虑时间、地点和场景，如果我们必须很快投入到某件重要的事情中去，又怎么会有那么多的时间来运动呢？

其实，运动并不需要那么麻烦，我们甚至不需要去健身房，只要拿出三五分钟，让身体动一动就好。比如我们可以考虑做一分钟的原地高抬腿，然后再加20个深蹲。这很简单不是吗？随时随地都可以做，重要的是，我们要让身体动起来。

或许有的人不相信这样简单的运动真的能够帮助我们。答案当然是肯定的。要知道，让身体动起来，并不是为了获得运动中产生的多巴胺，而是为了让我们的身体得到放松。

人的情绪和身体状态是会互相影响的，当我们感到高兴时，会放声大笑，这就是情绪对身体的影响；那么反过来，当我们控制自己保持大笑的动作时，其实这个动作也会反过来影响我们的情绪，让我们渐渐感觉到开心。

而当我们感到焦虑时，肢体会下意识地紧绷起来，变得僵硬。焦虑的情绪越严重，身体的僵硬感和紧绷感也就越严重。这时，当我们让身体动起来，打破这种紧绷感和僵硬感的同时，也会同样地影响到我们的情绪，从而缓解焦虑感。

第三步，把焦虑从嘴里"吐"出来。

现在，我们要进入第三步了，那就是张开嘴，把内心的焦虑说出来。

这一步似乎没有什么技巧，而且也是很多人在焦虑时都会采取的缓解焦虑的方式之一。这其实是一种情绪的宣泄，很多时候，我们向别人倾诉，表达自己的感受，只是希望给自己的焦虑找一个出口，而不是真的需要听取别人的意见或指导。

那么，在进行到这一步时，如何巧妙地传达出我们的需求，这一点非常重要，否则一不小心，倾诉对象不能领会我们的需求，很可能会适得其反。毕竟这个时候，我们只是希望能够找到一个倾诉渠道，缓解内心的焦虑情绪，而不是希望对方充当老师或评论家，长篇大论地在旁边指点江山。

所以，在倾诉之前，可以有技巧地向倾诉对象发出一些信号，让对方明白，我们希望得到怎样的帮助。比如最简单的，在倾诉之前，可以直接对对方说："能不能听我说会儿话？"或者明确地直接表达出此刻的意愿："告诉我，很多人其实都和我一样，对这些问题充满担忧。"

对方接收到这样的暗示后，只要和我们有一定的默契，应该都会明白我们需要怎样的帮助。当然，如果没有任何默契，当然也不会成为此刻我们选择求助的对象。

第七章

"焦虑贩子"无处不在,我们应该怎么办?

> 每个人都渴望变得更好,当找不到正确的方法时,焦虑就会找上门来。有人试图通过制造焦虑,再给出模棱两可的解决办法来获得关注,吸引眼球。那么这些人到底是朋友还是敌人呢?

第1节 被"炮制"出来的焦虑

我们经常听到有人感慨这个世界太浮躁、太焦虑，明明物质越来越丰富，可怎么快乐却越来越少，真的是人变得越来越贪心了吗？诚然，浮躁与焦虑和人心脱不了干系，但刺激人心，让我们变得越来越浮躁、越来越焦虑的，却是那些无处不在、被"炮制"出来的焦虑。

每天只要拿起手机，打开任何一款社交类或新闻类APP，我们都能看到诸如此类的新闻标题：

"90后月收入过万！"

"17岁女孩年赚过亿！"

"又拖后腿了，90后月收入过万占比超25%。"

"套现15亿：你的同龄人正在抛弃你。"

……

而在这些新闻的评论区里，有人哀号，有人奋进，也有人自暴自弃……可以想象，我们每天面对这样的新闻，看到别人的成功，再看看平凡甚至是平庸的自己，怎么可能不感到焦虑呢？

但是事实上，这些让我们感到自惭形秽的新闻，真实性却值得商榷。这其中甚至有不少都是被故意"炮制"和"贩卖"出来的焦虑。如果有耐心仔细阅读和推敲这些文章中的内容，就会发现它们几乎都有一些相同的特性：言之无物，含糊其辞，而且没有任何真实性可言。

会出现这样的现象其实并不奇怪。通常来说，能够成为新闻而被传播的消息，都具有一定的惊奇度和刺激度。比如，一只母鸡生了一个蛋，这种顺理成章的事情，即使大肆报道，也不会引起人们的关注，因为这实在是太司空见惯了。但假如下蛋的是一只公鸡，甚至那只鸡蛋还是蓝色的，那么很显然，这肯定会成为一条足够惊险刺激，吸引人们关注的新闻。

正因为如此，所以互联网上才会出现这么多为了吸引人们眼球而炮制出来的新闻，而人们则是在看多了这种类型的新闻后，慢慢形成了一些不正确的认识。浮躁与焦虑就是这样传播开来的。

我们或许曾听说过，又或者在互联网上看到过，关于"17岁少女CEO"的故事：一个年仅17岁的未成年女孩，高一就主动辍学，离开学校后开始创业，在不到一年的时间里，据说这个未成年少女已经拿到上千万的风险投资，其估值高达6000万元。

看到这样的报道，再想想自己的情况，是不是感觉差距太大了？别的17岁未成年人，已经创业当老板，资产上千万了。自己呢？大概再过十年、二十年，也都赚不到她的一个零头。但是问题来了，这篇报道有多少真实性呢？这个未成年少女真的如同标题所描述的那样传奇吗？

如果我们仔细通读这篇文章，就会发现，它用了很长的篇幅去描述许多无关紧要的故事和人物背景，但却几乎没有具体描述过这个17岁少女究竟是如何创业，如何成功，如何创造"6000万元"奇迹。

类似这样的报道非常多，在这些报道中，成功变成了一件轻描淡写的事情，那些所谓的"80后""90后"只要轻轻挥挥手，就能创造奇迹。这些报道就如同一篇篇"爽文"，主角的优秀简直无人能及。

这类故事，乍一看似乎非常励志，宣传了一个白手起家的草根人物，但实际上，在励志的背后，却传达出了满满的负能量——快看，你的同龄人，甚至比你年纪还要小的人，他们多么优秀啊！他们的故事多么传奇啊！可你呢？勤勤恳恳、朝五晚九地上班，过着刚刚能满足温饱的生活，一分钱要掰成两半花，是不是觉得自己很失败？很弱小？

是的，这就是这些报道想传达出来的信息，而阅读这些信息，只会让无数普通平凡的人产生痛苦和焦虑。

这个时代的确是浮躁的，到处都充满了让人产生焦虑的"导火索"。但这显然并不完全是当代人的错。要知道，在过去，人们对信息的掌握并没有那么全面，眼睛所能看到的，身边所能接触到的，都是和自己相差不大的人。在这样的环境中，人们对自身能力的认知相对来说比较中肯，对自己未来发展的期待值也相对比较理性。

而现在，互联网的发展让人们能够看得更高、更远，能够看到和自己不在一个阶层的人。再加上诸如"17岁CEO""月入过万90后"等充满煽动与刺激的信息，想不浮躁都难。尤其是当人们错误地以为，全世界除了自己，仿佛谁都可以轻松地创造出"6000万元"的奇迹时，更是会把挫败感与焦虑感推向顶峰。

我们无法改变整个大环境，但我们可以改变自己的心态，提升自己的思考能力。当我们再看到那些被"炮制"出来的焦虑时，不要轻易就被煽动，在感慨或嫉妒之前，不妨先用头脑去认真思考和分析一下，这些成功案例和励志故事背后，究竟有几分真实度。别轻易就落入别人的陷阱，让自己的焦虑与痛苦，成为某些人谋取私利的商机。

第2节 贩卖焦虑，其实是一门生意

在生活中，很多人都在有意或无意地传播着各种焦虑，以达成自己的目的。不知不觉，贩卖焦虑已经成为一门生意，而我们，一直都在为这些焦虑埋单。

听到这样的话，你或许并不同意，谁会傻到去为"焦虑"埋单呢？别急着否认，不妨先来看看这些被包装过后的"焦虑"，看看你是否还能认出它们。

美国Playboy休闲鞋曾做过一则广告，主题为"私奔"。广告刚开始的画面是这样的，打开一个男人的日记本，日记中这样写道："1990年10月中，大雪，我的爱人与那个穿Playboy休闲鞋的男人一起，仓皇逃离这里。"画面上是一只掉落的Playboy休闲鞋，不远处积雪的湖面上则有一个破开的大洞。

整个广告画面似乎没有给出多少确切的信息，但又处处充满了暗示，让人不由自主去脑补一个关于雪夜私奔的故事。而无论是日记中还是雪地上出现的那只Playboy休闲鞋，则仿佛立刻成为故事的导火索：因为Playboy休闲鞋的魅力无穷，所以让一个女人情不自禁地选择了出轨和私奔；而失去爱人的男人就是因为没有穿着魅力无穷的Playboy休闲鞋，所以才会留不住自己的爱人。

这则广告的手法其实并不算多么高明，或者说，这实际上是诸多广告手法中最常见的一种。广告中会先找出一个让人感到焦虑的问题，这实在是很容易，实际上能够激发我们焦虑感的事情实在太多了，比如广告中被爱人抛弃，又或者竞争失败、面试失败、孩子受到伤害等，都是能够瞬间激发人们焦虑情绪的关键点。

在抛出焦虑问题，引发人们焦虑的情绪之后，商品出现了，广告会通过一些明示或暗示的手法，向人们传递这样一个信息：如果想要避免出现之前所说的那些焦虑，就必须购买×××商品，它可以帮助我们规避风险，摆脱焦虑。比如Playboy休闲鞋，如果穿上这个品牌的休闲鞋，那么或许我们就不会成为那个被抛弃的对象了。

在互联网上，通过这样的方式和流程贩卖出来的焦虑实在是太多了，如果说当初这些焦虑还披着"广告"的外衣，那么现如今，它们早已充斥于生活中的各个角落，不知不觉地在渗透着我们的思想和生活。

打开手机，每时每刻我们都能看到许多"教你如何做×××"的推送文章，这些文章的表现手法可谓如出一辙。在选取文章主题时，炮制者们通常会选取的关键词都是能够在第一时间就吸引人们的眼球，引动人们焦虑情绪的一些关键词，比如"升职""赚钱""瘦身""爱情"等。

它们或许会以这样的方式开篇：

你是否也曾想过，为什么自己那么努力，却总是徒劳无获；为什么明明自己每天都很努力、认真地工作和生活，却始终不如其他人……

这些说法看上去似乎没什么问题，还能引起不少人的共情，但实际上，这是一种非常典型的贩卖焦虑文章的开头。无论是在工作还是生活中，大多数时候，我们的付出与收获其实都不成正比，这是非常正常的一件事，其中也存在多方面的原因。但这篇文章的开头却放大了付出与收获不对等的现象，把一个原本在大多数时候都很正常的现象进行"特殊化"，并将之变为制造焦虑的源头之一。那么，炮制者们这么做是为什么呢？答案其实很简单，因为这篇文章实际上就出自某高级管理培训机构，这个培训机构所针对的人群，就是那些极度渴望升职，一直认为自己怀才不遇的职场人士。

工作三年，却没有攒下一分钱的存款。眼看年关将至，没完没了的琐事、迟迟不到账的工资、厚厚的信用卡账单、见底的花呗额度、房东的"亲切问候"……这些重担时时刻刻都压在身上，快让我们窒息了……

存款、工资、欠债、房租……这样的开头已经恨不得把所有可能让人感到焦虑的因素都丢到我们面前，而他们的真正目的，实际上是为了卖出一门平面设计类课程。

为了获得更高的收入，健康受损、过度加班，应付工作中形形色色的人。你以为自己可以凭借努力来过上梦寐以求的生活，但实际上在付出了努力与健康之后，收获到的却只有：加班、欠款、压力……

想必大家都猜到了，没错，这篇不断放大焦虑的文章，同样真正的目的还是为了卖出一门课程，一门据说可以让我们轻松兼职就能实现月薪过万，财富自由的课程。

除了通过四处兜售焦虑来推广产品的广告之外，最可怕的是，在自媒体当道的今天，为了吸引眼球和流量，无数自媒体创业者为了商业利润最大化，绞尽脑汁地用各种文风浮夸、价值观扭曲的文章来吸引读者的眼球，不停地将手中的焦虑包装成看似精美的精神食粮，然后再贩卖出去。

"财富焦虑"是这些自媒体贩卖的最常见的"商品"之一。我们一定都看过诸如"××套现15亿元：你的同龄人正在抛弃你""××让我月入百万""身价过亿，他是如何从一无所有到在北京买车、买房"等内容的文章，也一定曾怀着羡慕嫉妒恨的心情把文中的每一个字都揉碎了琢磨，想从中找到创造财富奇迹的秘诀。

如果真的这么做了，一定会发现，在这些所谓的财富故事中，除了看到一夜暴富的奇迹和轻描淡写的成功之外，我们得不到任何具有实质意义的信息。我们看不到这些人是如何成功的，甚至找不到任何可以佐证其真实性的线索。

而对于大多数人来说，他们在看到这类文章时，或许并不会追根究底，或者试图从文中找到任何蛛丝马迹证明获得成功的线索。他们只会在无数这样的财富故事中自惭形秽，变得越来越焦虑，越来越不甘心，整个社会的浮躁就是这样一点点形成的。

比贩卖"财富焦虑"更可恨的，是那些打着"新时代女性/男性"标签，却不断输出各种诸如"物质至上"一类扭曲价值观的人。他们抛出一个个"特立独行"的观点，看似在倡导年轻人要学会更重视自己，提高自己的价值，但实际上是通过"偷换概念"，把美丽和自我价值的体现，都建立在物质消费上，又将物质消费与自我肯定的概念混淆起来。

许多缺乏自制力和分辨能力的年轻人，正是在这种价值观扭曲的文章影响下，不加节制地消费与自己经济能力不匹配的商品，最终成为"隐形贫困人口"，在不停攀比却又不自知的悲哀中陷入无止境的焦虑。

在这个互联网光速发展的时代，贩卖焦虑已经成为一门生意，而我们从这些焦虑贩卖者们所制造的"毒鸡汤"中，除了收获到无尽的羞惭、恐慌、不满和焦虑之外，得不到任何价值。所以，在点开那些看似励志的文章之前，先冷静地思考一下，对方贩卖的，究竟是"励志"还是"焦虑"。

在这个互联网光速发展的时代,贩卖焦虑已经成为一门生意,而我们从这些焦虑贩卖者们所制造的"毒鸡汤"中,只能获得羞愧、恐慌、不满和焦虑,没有太多其他价值。所以,在点开那些过度励志的文章之前,先冷静思考下,对方贩卖的究竟是"励志"还是"焦虑"。

第3节　主动给自己设置"竞争参照物"

2019年，国家卫健委及科技部曾做过一项关于精神疾病方面的调查。结果显示，中国成人精神病障碍终生患病率竟高达16.57%，这意味着，在我国近11.4亿成人中，大约有1.8亿人终身都饱受精神障碍类疾病困扰。而在这其中，以抑郁为主的心境障碍、焦虑障碍患病率正在呈现逐年上涨的趋势。据统计，2004年抑郁症位列全球疾病负担第三位；2012年，抑郁症已成为中国第二大疾病负担；据世界卫生组织预测，到2030年，抑郁症将高居全球疾病负担第一位！

这样的结果似乎在情理之中，却又在意料之外。社会的进步与发展除了带给人们更多的生活保障之外，似乎还带来了更大的精神压力，让人们变得越发焦虑。为什么会出现这样的情况呢？人们的焦虑究竟从何而来？

在没有滴滴打车之前，我们常常需要在路边等很久才能坐上公交车或打到出租车，那时候，如果有人告诉我们，掏出手机点一下，就能在短短几分钟内为自己叫来一辆车，想必大家都会欢欣鼓舞。而现在，哪怕多等3分钟，我们都会焦急不已，嫌车来得实在太慢。

在没有电子支付之前，我们每天必须揣着钱包，用现金交易，有时候商家找不开零钱，还得绞尽脑汁地去换钱、凑单。那时候，如果有人告诉我们，只需要打开手机，就能快速完成支付，不用考虑找零的问题，想必大家都会欣喜异常，谁还会在乎支付时联网不是那么顺畅呢？

而现在，哪怕手机反应慢一些，付款网络卡一些，也会被吐槽许久。

在没有QQ、电子邮件和微信之前，我们与远方的友人沟通，写一封信寄出，对方大概得一个星期才能收到，然后再等一星期，我们才能收到对方的回信。那时，如果有人告诉我们，可以有一种办法，将你写的信瞬间传送到收件人眼前，想必大家都会激动不已，赶紧试试这项"魔法"般的技术。而现在，很多人甚至连打开QQ、微信、电子邮件和朋友联系都觉得麻烦。

……

科技的进步为这个世界带来了巨大的便利，而人们在享受便利的同时，也会下意识地提高自己的期待值。但问题是，当这个世界在不停地向前发展时，人类本身却没有多少改变。

简单来说，现在的我们，和20年前、30年前，甚至100年前的人相比，脑容量实际上不会有太大的差距。也就是说，我们和从前的人相比，学习能力、发展潜力等，实际上并没有太大的差距。但我们所处的世界，我们的认知，我们所在世界的发展速度，差距却十分巨大。

换言之，对于从前的人来说，他们的期待值和自身的能力之间，差距可能不会太大，因为他们所能看到的、接触到的，大多是身边基于现实的存在；但对于现在的人来说，由于见识的不同，所能接收到的信息的不同，我们大多数人的期待值受到外界的某些影响，很可能远远高于自身能力。于是，当自身能力的提升速度无法追上期待的发展速度时，焦虑就产生了。

王小波说过："人的一切痛苦，本质上都是对自己无能的愤怒。"焦虑也是如此，人的一切焦虑，说到底就是自己已经得到的，永远追不上自己期待的。

世界在改变，但人的本质实际上却没有太大的变化。那么，我们期待的又是被什么影响而发生变化的呢？答案其实很简单——比较。

20年前，我们对现实的认知可能还只停留在隔壁邻居家买了一台新电视机；邻村的王二虎出去打工，带了两万块钱回家过年；村里最漂亮的女孩嫁给了城里人，有车，有房，还有门面……

而现在，通过互联网，我们知道，原来某明星拍一部戏就能赚一个亿；原来某个才二十出头的小伙子，已经月入过万；原来富二代买车买房就跟我们去超市买菜一样稀松平常……

在这个世界上，优秀的人比比皆是，但基数更大的，仍然还是那些普通又平凡的人。人的焦虑是从比较中滋生的，而互联网的存在无形中扩大了比较范围，加之无数"焦虑贩子"的出现，更是把极少数优秀者的故事通过不停地"复制"和"粘贴"，传播得到处都是，从而给人们造成一种错觉，以为这个世界上，除了自己之外，其他人都是轻轻松松就能成功，就能创造辉煌。

人们的认知偏差就是这样形成的，当我们"见识"得越来越多，尤其是在缺乏理性分析能力和思考能力时，就更容易会为自己选择一个错误的目标，设定一个错误的期待值。而当我们发现自身能力与这个期待值之间的差距无法弥补，甚至我们穷尽一生也无法拉近，那么焦虑自然也就产生了。

所以，在这个处处都充斥着"焦虑贩子"的时代，想要避免被焦虑侵蚀，最好的办法就是主动为自己设定一个"竞争参照物"，将其作为我们成长的目标。只要我们朝着正确的方向，那么就不会因为能力与期待的过分不匹配而走入焦虑的误区。

焦虑源自比较，有意义的、基于现实基础上的可实现比较，会成为推动我们前行的力量，督促我们不断提升自我，变成更优秀的自己；而那些本身就超脱现实的想当然的比较，却只能带给我们无尽的压力和挫败，从而滋生焦虑。

第4节　自己先要想清楚，怎么才能变得更好？

最初，很多人其实都不知道自己想要什么，需要什么以及适合什么。所以会去观察周围的人，看看他们要什么，然后自己也跟着做出同样的选择。经过许多次尝试之后，有的人渐渐找到了明确的方向，知道自己想要追求什么。当然，也有的人可能终其一生都参不透这个问题，一辈子都不明白自己到底想要什么。

人的时间与精力都是有限的，不可能把一辈子的时间都拿来"试错"。而且，同样的时间与精力，如果我们将其分散到许多不同的事情上，"东一榔头西一棒子"，那么每一件事情大概都很难取得好的结果。但是假如我们把所有的时间和精力都集中到一起，只做一两件事情，那么这一两件事情取得成功的概率显然就会大很多。

很多人在儿时或许都上过一些兴趣班、培训班，那时候，选择上什么课程，大多都不是自己深思熟虑的结果，而是家长的"从众心理"。于是，今年上书法班，明年上绘画班，后年学弹钢琴，最后的结果就是，全部都学了个入门之后就不了了之。

在这个世界上，想要做好一件事，有时候需要面对很多挑战，需要努力、付出、坚持以及时间。如果我们不论做什么事情都没有耐心去坚持、去等待，那么最终等待我们的结果，只能是一事无成。而很多人的焦虑，其实也就是这样产生的。

上学的时候，小王听老师夸奖一位同学，说他字写得特别好，并倡导其他同学向这位同学学习，好好练习字帖。于是，小王决定听从老师的建议，每天都练习写几张字帖。但坚持一段时间后，他发现好像并没有明显的效果，他写的字还是和从前一样，并没有变得好看，也没有得到众人的夸奖。

就在这个时候，小王的另一位同学在学校艺术节上当众表演了一首钢琴曲，赢得满堂喝彩，大家都夸他是"钢琴小王子"。小王顿时觉得，原来会弹钢琴这么受别人欢迎，于是便决定不再练习字帖，而是转头去学弹钢琴。

考试将至，学业变得越来越紧张，一次模拟测验后，听着讲台上老师对学霸的赞美，看着领奖台上年级第一的意气风发，小王突然顿悟，作为学生，有什么比学习更能彰显自己的优秀呢？于是，才学了没几天的钢琴就被他果断放弃了，转而开始努力学习，以求能和学霸比肩。

后来上了大学，小王一会儿去竞选学生会干部，一会儿去参加某个社团活动，一会儿去报名某项比赛……他总是特别努力特别积极，还不断听取大家的意见，想要把自己变得更好、更优秀。

但可惜，事与愿违，无论做哪一件事情，小王都是三分钟热度，但他偏偏又不具备过人的天赋和头脑，所以无论做任何事情，他都没有得到理想的反馈。于是，他变得越来越焦虑、越来越浮躁，他不知道为什么明明自己已经马不停蹄地努力追赶着那些优秀的人，却和他们的差距越来越大……

在现实生活中，像小王这样的人其实并不少，他们看似非常努力、非常有上进心，但实际上却根本没有认真思考过，自己究竟想要什么、想成为什么样的人、想拥有怎样的人生。于是，他们在从众心理的驱使下去做许多"随大溜儿"的事情，但却又没有耐心等待胜利果实的成熟，最终陷入每天都疲于奔命，却不见取得进步得到提升的窘境，最终焦虑就这样产生了。

这样的人，最大的问题其实就在于他们根本就没有真正思考过，自己想要的是什么，想要成为什么样的人。如果从一开始，他们就能想清楚这一点，为自己设立一个清晰的目标，把时间和精力都集中起来，只去做一件自己最想做的事情，那么至少他们在这件事情上所取得的成功，必然会远远大于其他事情。

这个世界上，除了那些天赋过人、聪明绝顶的少数人，绝大多数成功者一生可能都只坚持做了一件事情，将这件事情做到极致，做到行业的标杆，那便是无人超越的成功，谁又会认为他们不优秀呢？

每个人都有成功的渴望，都希望自己能够成为更好、更优秀的人。这样的想法没有任何问题，但重要的是，在真正去做之前，我们最应该做的，是好好想清楚，自己想要成为什么，想要拥有什么，以及怎样才能变得更好。有了清晰、明确的目标之后，我们需要做的，就是坚持下去，直至成为"行业标杆"。

第5节　你想要多成功？

当我们发现——

曾经在学校里远远不如我们的学渣，如今却通过创业成为成功人士，月薪都比我们的年薪高。

想要努力上进一回，买完一堆课程之后，却连开头都没有听完就将其抛诸脑后。

才刚刚过了25岁，就开始产生衰老的感觉，被催婚、催生，被来自长辈和社会的压力压得喘不过气

……

这些场景是不是都能让我们感到焦虑不已？就如同有人拿着喇叭，不断在耳边催促。想要按部就班地遵照人生计划慢慢前行，却发现周围的人似乎都铆足了劲儿地拼命向前奔跑。于是我们开始焦虑，开始担忧，开始感觉到似乎有一只无形的手在把自己往前推，仿佛只有和身边的人一样奔跑起来，才能稍微摆脱这种焦虑又窒息的感觉。

但事实上，即使我们和别人一样开始拼命向前奔跑，也无法真正摆脱焦虑。因为促使我们陷入焦虑的，从来不是跑不跑的问题，而是对前路的迷茫和对自己的迷茫。我们不知道自己想要什么样的成功，也没有看清楚真正的自己应该是什么样子的。没有目标，没有对生活的期待，

甚至对人生的成功和失败都没有清晰的理解和定义。这种茫然、失控的感觉，才是真正引发焦虑的根源。

  小A是位非常特殊的来访者，她不愿意透露自己的任何信息，但却愿意分享自己的故事。

  从小到大，小A都是个非常好强的人，无论做什么事情，都要争第一。在别人眼中，小A就是那种非常完美的"别人家的孩子"，长得漂亮，学习成绩好，还掌握了几项"附加技能"，如弹钢琴、跳舞、绘画等。

  步入社会之后，小A依旧过得光芒万丈，无论走到哪里，都是人群中最耀眼的存在。出色的外表、体面的工作、优渥的家庭条件，在别人看来，小A简直就是"开挂"一般的存在，人生最大的烦恼恐怕就是没有烦恼。

  但事实上，谁也不知道，小A长年被严重的焦虑症困扰。为了维持"完美"的形象，为了保证自己永远都站在"第一"的位置，小A对自己的要求近乎苛刻。为了完成一份出色的企划书，她可以接连三天不睡觉；为了维持完美的身材比例，她可以三年不吃一粒米饭。她不容许自己犯任何一个错误，不能容许人生有任何一点偏差，哪怕说错一句话，她都会陷入无尽的懊恼与痛苦之中。

  有一件十分隐秘的事情小A从没有对任何人说过，因为这件事情一直让小A感到无比的羞耻与痛苦，也是在这件事情之后，小A才真正开始发现并重视自己的心理问题和情绪问题。

  那是在小A和丈夫结婚之前发生的一件事情。小A有一个关系十分要好的闺蜜小B。小B和小A从小学时就是同学，已经认识十几年了，两人关系非常要好。和小A不同，小B是个非常低调平和的人，她很优秀，但却一点儿也不争强好胜，或许也正是因为这样，所以她们的友情才能一直维持下去。

那时候，小B交往了一位男士，并将他介绍给了小A，结果，非常巧合的是，小B交往的这位男士，正好就是小A未婚夫公司"空降"来的顶头上司。对于这件事，小A的感受非常复杂，闺蜜有了交往对象，她确实为对方感到高兴，可这位男士的身份，又让她有些难以接受。是的，直白地说，这刺激了她的好胜心。

于是，在难以抑制的冲动之下，小A联系上小B的交往对象，告诉他小B的种种缺点。后来，小A一直很后悔，她认为自己背叛了小B。最终，小B因为别的原因与那位男士分手了。

对于这件事的结果，小A坦言，她感到非常庆幸，否则她会一直背负背叛朋友的负罪感。

在和小A交流的过程中，治疗师发现，虽然小A有着非常强的好胜心和上进心，但实际上，她对自己的未来却始终没有清晰的定位和期待。她从未想过，自己究竟想成为一个什么样的人，或者希望达成怎样的人生目标。一直以来，她都只是在力争上游，但却不知道理想的终点在什么地方。

考大学选择专业时，她选的是当时最热门的专业，和自己分数能达到的最好的学校；毕业选择工作时，她依据的是数据的对比和理智的分析，选择了一家潜力最大，最有上升空间的公司。一直以来，推动她向前的，都是她的好胜心。但她甚至都没认真思考过，她是如何定义人生中的成功与失败。

所以，她总是非常焦虑，哪怕刚赢得一个大项目，刚得到领导的夸奖与肯定，在短暂的喜悦后，更大的焦虑感便会接踵而至。

在现实生活中，像小A这样的人其实并不少，他们都非常优秀，在各自的领域中也取得了不俗的成绩，是世人眼中的成功人士。但实际上，他们的内心却时时刻刻都充满焦虑，因为他们并不知道，自己真正想要追寻的目标是什么，他们心中的成功又应该是什么样子。他们只是不停地被来自各方面的压力推动着向前奔跑，但其实根本不知道终点线的方向究竟在哪里。

对这些人来说，他们的焦虑从来不是跑不跑，或者跑得够不够快的问题，而是对前路的迷茫与对自己的迷茫。

对于每一个人来说，成功的方向都不相同，而成功的高度则是永无止境的。所以，想要得到真正的满足，摆脱焦虑的困扰，在做任何规划之前，我们最应该问自己的问题是我们究竟想要什么样的成功，想要多成功？

我们需要先了解自己，明确自己想要怎样的人生，希望成为怎样的人。我们要明白，哪些才是我们真正渴望实现的愿望，包括物质和精神这两个方面。我们要明确自己的目标，无论是在生活中还是工作中，都要知道自己究竟想要什么。更重要的是，我们要想清楚，自己究竟怎样来定义人生中的失败与成功。只有想清楚了这些问题，才能拨开迷雾，窥见自己真正想要抵达的终点，也才能真正收获内心的满足与安宁。

第八章

很努力，却越来越焦虑

> 努力是改变自身状况，缓解焦虑最好的办法。但有些人的努力却没有起到缓解焦虑的效果，这是为什么呢？其实，并不是所有"努力"都有意义，假装努力只能让我们越来越焦虑。

第1节 用尽力气,却追不上理想中的自己

如果说焦虑的产生是因为担心事情变糟糕,那么为什么明明事情已经越变越好了,而我们的焦虑却越来越严重呢?这听上去或许有些不可思议,但不得不说,这确实是一个奇怪却又极其常见的社会现象。

想想看——

社会越来越进步,人们的生活品质越来越高,但整个社会也变得越来越浮躁,焦虑和不安充斥着每一个角落。

大城市远比小城市要繁华得多,生活在大城市里的人所拥有的资源也要远远胜过小城市,但同样的,大城市的喧嚣和浮躁也要远远超过小城市。

从初入职场到独当一面,明明相比从前已经有了很大进步,但这种进步带来的,却是与日俱增的压力和焦虑。

年岁在增长,房子比从前更大,电视机比从前更清晰,用的手机比从前更先进,而内心的安宁、满足与快乐相比从前却越来越少……

为什么明明已经那么努力,却总是越来越焦虑呢?为什么明明一切都比从前更好,满足和快乐却反而更少了呢?

卢敏贞,原名卢香花,任职于国内一线城市的某家企业,担任部门经理的职位。

来到咨询室之前,卢敏贞已经有三年多的失眠史,在这三年多的时间里,她几乎没有睡过一个真正意义上的好觉。一开始是不敢睡,生怕错过重要的电话和信息,错失让事业更进一步的机会。后来是睡不着、睡不

好，只能依靠药物入眠。

卢敏贞出身于一个偏远的小山村，是典型的山窝窝里飞出的"金凤凰"。小的时候，因为家里穷，加上村里重男轻女的观念，卢敏贞一度险些辍学。那时候，对她来说，能继续上学就已经是最大的满足了。

后来，凭借自己的努力，她成为村里唯一的女大学生，离开小山村前往大城市上学时，她觉得自己的人生圆满了，往后余生可能都不会有比这更幸福的事情了。

在繁华的大城市街头，她第一次知道，原来有那么多人的生活与她天差地别，那时候她想，如果能在这里定居，建立自己的家庭，成为一个真正的"城里人"，那么她的人生就没有什么遗憾了。

在大学里，她遇到许多优秀的人，第一次感受到紧迫与焦虑。世界上有那么多优秀的人，他们还拥有着比自己更多的资源，付出比自己更多的努力，自己怎么能停下努力的脚步呢？

毕业后，她顺利进入当地一家大企业，拥有了梦寐以求的工作和在大城市站稳脚跟的底气。但与此同时，她也再一次清晰地感受到自己与别人之间的差距，那些差距不仅仅在于智商与学识，还在于人脉和家庭等多重因素。

后来，她改了名字，把乡村土气息浓重的"卢香花"，改成了那年流行的韩范儿名"卢敏贞"。她得到了升职的机会，顺利打败其他竞争者，成为部门经理，也就是从那个时候开始，她深陷焦虑的漩涡，三年都不曾睡过一个好觉。

纵观卢敏贞的奋斗史，简直就像一部励志小说。在别人眼中，她优秀、强大、得体、努力，但谁又会想到，在这副看似强大的外表之下，她却无时无刻不感到焦虑、恐惧、迷惘。

在咨询过程中，心理咨询师问卢敏贞："你认为主要是什么原因造成了现在焦虑不安的状态？"

卢敏贞回答说："我认为最关键的一点还是在于我自身能力不足，无法做得更好。如果我能更强大，能够做得更好一些，那么可能压力就不会那么大了。我身边有太多优秀的人，我和他们的差距实在太大，可我不想成为落后的那一个，不想做失败者。"

很显然，作为旁观者来看，卢敏贞已经远比绝大多数人都要优秀，她所取得的成功也早已比她最初的梦想和预期要高得多。但从她自己给出的回答我们可以看出来，对于自己的状况，她显然并不满意，或许就像她说的，因为见过太多优秀的人，所以总是会忍不住和这些人进行比较，继而感觉自己一无是处。

对于卢敏贞的想法，不少人都能够感同身受。当我们看到别人的成功时，很难不为自己的平凡而感到沮丧。而看的励志故事越多，遇到的人越优秀，周围的环境越高端，我们对自己预设的理想形象就会越强大、越完美，相应的，理想中的自己和真实的自己之间的差距也会越大。当我们即使花光力气，也无法追上理想中的自己时，这份落差感就会演变成严重的焦虑情绪，让我们感到惶恐不安。这就是行动配不上野心，现实追不上理想的"后遗症"。

那么，是不是真如卢敏贞所认为的，只要自己能更优秀一些，能力更强一些，这些问题就会迎刃而解呢？当然不是，因为无论做到什么地步，达成什么目标，他们所预设的"理想"中的自己，都会继续"刷新"，永远和真实的自己保持着无法靠近的距离。

真正造成焦虑的根源，从来都不是客观意义上的"能力不足""做得不好"或"努力不够"，而是内心的自卑情绪和安全感的缺乏，如果不能解决这个问题，那么无论做到什么地步，取得什么样的成就，也依然无法摆脱焦虑的困扰。想要打破"越努力，越焦虑"的怪圈，我们真正应该做到的，是改变对自我的认知误区，找回内心的平和与自信。等到那个时候，我们就会发现，理想的自己其实并没有那么遥远。

第2节 "意义"很庸俗，但不能没有

从前的人喜欢说"意义"，仿佛无论做什么事情，都必须说出深层次的"意义"来深化主题。而现在，说起"意义"，总会给人一种既矫情又庸俗的感觉，颇有一种"假大空"的意味。

确实，很多时候，我们做一件事情，并不一定出于某种确定的意义，只不过是生活在自然发生的结果，如果所有的事情都要出于某种意义，那么我们有可能在生活中陷入无法行动的困局。

但人生的确需要"意义"，尤其是当我们试图坚持做一件事情时，如果不想因迷茫和焦虑半途而废，那么就必须给自己确定一个"意义"。

朱德庸说："我们焦虑，因为我们成不了我们希望的人。我们焦虑，因为我们也不知道我们想成为一个什么样的人。归根结底，是对未来莫名的不安，是对自己能力不自信的表现，是'失去了掌控感'这件事。"

人很容易自我怀疑，怀疑自己的能力，怀疑自己的选择，怀疑自己的坚持。因为无法预见未来，所以我们永远都无法找到人生的标准答案，一旦对自己产生怀疑，继而动摇，就只能在焦虑中茫然四顾。所以，想要远离焦虑，我们就必须给自己一个坚定的理由，一个能在我们产生怀疑和动摇时，让我们瞬间变得再次坚定的理由。这个理由，就是我们所说的"意义"。

有句谚语我们一定听过:"妇人弱也,而为母则强。"

在很多影视剧作品或现实案例中,也常常能看到原本性格柔弱的女人,为了保护自己的孩子,会鼓起勇气做出很多超出其能力的事情。而男性也一样会因为身份、角色的转变而改变原有的生活状态。

在一部著名的美国情景喜剧中,有这样一个情节——

花花公子巴尼意外和自己交往过的某任女友有了孩子,在女方生产之前,巴尼觉得非常焦虑,因为他并不喜欢孩子,也从未想过自己哪天会和某个人天长地久地生活在一起,当然更不可能有生育子女的愿望。

然而,在孩子出生之后,就在他双手捧起女儿的那一瞬间,他却忍不住流下眼泪,动情地对怀里的婴儿说道:"你是我一生挚爱,我的一切,以及一切的我,从此专属于你,永远不变。"

自此之后,花花公子巴尼发生了非常彻底的转变。在成为父亲之前,他在酒吧见到穿着暴露的年轻姑娘,必然会上前搭讪,俨然一副花花公子的做派。而成为父亲之后,再遇到穿着暴露的姑娘,他会忍不住义正词严地上前去教育她们,让她们穿上正经衣服,离开酒吧,别让父母担心。

花花公子巴尼是个不婚主义者,从未想过自己会有孩子,也从来没有想过自己会成为父亲。但意外出现的女儿成为他转变的契机,对女儿的爱最终引导他将自己完全带入"父亲"这个身份中。因为女儿的存在,因为这份血脉相连的悸动,身为"父亲"这个角色所做的一切付出和转变,都变得有意义。

就像现实生活中的很多父母,为了让孩子拥有更好的生活,可以起早贪黑地努力工作,可以卑微地讨好客户,即使遭遇无数困难与挫折,只要想到自己的付出能让孩子生活得更好,那么自己所做的一切牺牲都

人生需要"意义",如果我们想要坚持做一件事情,并且不想因为迷茫和焦虑半途而废,那么可以给自己赋予一个确定的"意义"。

是有意义的，就可以继续咬牙，坚定不移地走下去。

很多时候，我们之所以会被焦虑困扰，就是因为对自己做出的决定和选择心生动摇，不确定自己付出一切努力后会有怎样的结果，不确定自己做出的那些选择究竟是对还是错。但如果我们能为自己所做的事情赋予"意义"，并且认定做这件事是有意义的，那么即使在做这件事的过程中，不能及时得到好的反馈，我们也能够为了这种"意义"而坚持下去。

第3节 从别人的口中解脱出来

在人生中,那些让我们感到焦虑的事情,有多少是真正困扰我们的问题?又有多少是从别人口中说出的焦虑?如果我们认真去思索这个问题,顺便做个笔记,或许会得到一个令人惊讶的答案。

在我们准备思考和记录之前,不妨先来看看一件特别有意思的事情——

有一位女士,今年31岁,刚刚结婚,婚后便立刻进入备孕阶段。事实上,在结婚之前,这位女士一直声称自己不想成为母亲,即使以后结婚,也会选择"丁克"。那么,究竟是什么改变了她的想法呢?是突然迸发的母爱?还是人生观的转变?

以上答案都不正确。事实上,促使这位女士瞬间转变态度、改变想法的原因非常戏剧性,那就是她在有一次无意中听到别人猜测,说她或许是因为身体有问题,所以"不能生"。更有意思的是,当她为了证明自己的健康,和丈夫一起到医院做完检查之后,医生告诉她,她其实非常健康,但她的丈夫因为常年缺乏锻炼,身体比较差,导致受孕困难。自此之后,这位女士和她的丈夫便毫不犹豫地开启了积极备孕计划。

这位女士的朋友曾在私底下问过她,既然不喜欢孩子,曾经也想过要"丁克",那么为什么现在突然变得这么积极。那位女士是这样回答的,她说:"我主动选择不要,和我因为自身存在问题而导致不能生,这是完全不同的,我可以接受前者,但却不能接受后者。"

生不生孩子,生几个孩子,这原本都是自己的事情,与别人并没有任何关系。但有趣的是,对这位女士而言,自己要不要生孩子,仿佛成为需要取决于别人想法和态度的事情。因为害怕成为别人口中"不能生"的人因此改变想法,决定生孩子来证明自己,这是多么荒诞的事情!

然而事实上,在现实生活中,这样的"荒诞"却比比皆是。很多时候,我们选择去做一件事,或者不做一件事,可能并不是因为我们想做或不想做,而是因为如果去做或者不去做,别人会说些什么。在这样的压力之下,别人口中的闲言碎语,最终成为死死压在我们身上的巨石,也成为影响我们焦虑情绪的"开关"之一。

有这样一个寓言故事——

祖孙俩牵着驴去赶集,孩子骑在驴背上,老翁跟在后头走,祖孙俩都非常高兴。这时候,一个人路过,看到这样的场景,便责备骑在驴背上的孩子说:"你不懂得尊敬老人吗?怎么忍心让年迈的阿翁步行,自己却舒舒服服地骑驴呢?"

听了这话,老翁和孩子都有些不好意思,于是便换老翁骑驴,孩子在一旁蹦蹦跳跳地走。结果,走了还没几步,又遇到一个路人,那个路人一边摇头一边失望地对老翁说:"你都不懂得爱护幼儿吗?竟让那么年幼的孩子走路,而你自己骑驴,真是太过分了!"

听到路人的斥责,老翁和孩子面面相觑,想了想,干脆两人一起骑着驴走,心想:这回总不会出错了吧!

结果,没走多久,又跳出来一个人,指着老翁和孩子就痛斥道:"你们真是太过分了！怎么可以这样虐待和压榨可怜的驴呢？你们看看这头可怜的驴，都快被你们两人压趴下了！真是没有一丁点儿的同情心啊！"

老翁和孩子愣住了，又觉得这人的斥责好像有些道理，两人一起骑驴，驴子确实可怜了些。最后一合计，算了，干脆谁也别骑，就这么并排走吧！

然而，当路上的人看到老翁、孩子和驴一起并排走时，又都开始指指点点："你瞧，他们傻不傻？明明有驴却不骑，非要拉着走，这不是自己找罪受吗？"

最后，老翁和孩子实在受不了路人的指指点点，只好又换了一种方式，两人干脆直接把驴抬起来，扛着走！结果可想而知，这样荒诞的场面，引来的议论也就更多了！

读完这则故事，很多人或许都会认为老翁和孩子真傻，明明是自家的驴，愿意让谁骑就让谁骑，愿意怎么走就怎么走，为什么要在乎别人的看法呢？到最后，还是无法让所有人都满意，自己反而连路都不知道该怎么走了。

但是，在现实生活中，很多人不也像老翁和孩子一样吗？明明是自己的人生，可总是无法忽视别人的看法。很多时候，我们的焦虑不正是来源于此吗？无论怎么做，都不能让所有人满意；无论做什么，都担心收获别人怀疑的目光。

我们生存在社会上，不可能完全特立独行，独立于社会之外，对一切言论都采取排斥态度。不可否认，别人的看法有时就如同一面镜子，确实能够帮助我们发现身上的缺点和不足，也的确能够在某些时候给予我们更好的建议，引领我们走向更正确的方向。但如果我们过分在乎别人说出的话，过分在意别人的想法和意见，那么只会迷失真正的自己，别人的看法有时如同一面镜子，能够帮助我们发现身上的缺点和不足，引领我们走向更正确的方向。但如果我们过分在乎别人说出的话，只会迷失真正的自己，从而不停奔波在满足别人期许的道路上。

不停奔波在满足别人期许的道路上。

　　人生的道路只能我们自己去走，也只有我们自己才能真正明白，心中最想要的究竟是什么。放轻松，把自己从别人的口中解救出来，会发现，那些让我们焦虑不安的事情，其实并没有那么可怕。

第4节　上进心是行动指南，不是"藏宝图"

进化生物学认为，人类所有的不良情绪，都有其存在的合理理由，焦虑也同样如此。从心理学角度来说，焦虑是人们对尚未发生，甚至不一定会发生的不确定事件产生的一种混杂紧张、担忧、恐惧的情绪反应；而从生物学角度来说，焦虑是动物在察觉到威胁后所产生的一种正常应激反应。

简单来说，焦虑其实就是人在面对威胁时的一种自我保护机制，也可以说是一种预警，提醒我们赶快打起精神，危险很快就要来临！因此，适当的焦虑实际上对我们有一定的帮助，能够激发我们的上进心，督促我们付诸行动、排除万难，不断提升自己、磨炼自己，让自己能够更好地去适应这个世界。

然而，我们如今生活的这个时代，存在太多能够引起人们焦虑因素，尤其在我们身边，总是有无数的人在炮制焦虑、贩卖焦虑，导致我们的"焦虑雷达"总是一次次被迫启动，甚至直接影响到了我们的价值观和对社会的正常认知。

今年28岁的孟女士在别人眼中是优秀的代名词，长相漂亮、头脑聪明，从小就是学校里的风云人物，成绩从来没下过光荣榜。在美国前10名的大学深造后，回国就顺利找到一份心仪的工作，男友是自己的青梅竹马，两人有着非常深厚的感情基础，已经准备结婚，两个家庭对彼此有一定了解，双方父母的关系也很和谐。

这样一帆风顺的人生大多数人都望尘莫及，因此，当得知孟女士被焦虑问题困扰时，很多认识她的人都非常想不通，这样优秀的一个人，这样顺遂的生活，到底有什么可焦虑的呢？

当然，孟女士口中所描述的自己与其他眼中的她有很大不同。孟女士说，自己从小就不是那种头脑特别聪明的孩子，但她非常认真，也非常努力，她很清楚自己想要的是什么。然而，年纪越大，接触的交际圈越高端，身边认识的人越优秀，孟女士就越是有一种无力感。她发现，很多时候，人与人的差距并非通过努力就能弥补，她拼尽全力地去学习，提升自己，可无论怎么努力，都依旧无法达成自己的目标，无法超越那些更优秀的人。

孟女士提到自己在美国深造时认识的一位女同学，那是一个比她更努力、更聪明的女孩，每天不是在图书馆，就是在赶往图书馆的路上。孟女士非常佩服那位女同学，曾和她一起结伴学习过一段时间，但很快，孟女士就发现，对方那种超高速度和超高强度的学习方式实在是太可怕了，她根本无法跟上她的进度，甚至每天能感觉到她们之间的差距在越拉越大。

很快，孟女士就放弃了与这位女同学一起结伴学习的打算，因为在她的身边，自己的压力实在是太大了。但也正是自那之后，孟女士一直无法摆脱心中的危机感，她深刻地意识到，有的人自己哪怕拼尽全力也无法追赶上，这种无力感让她时刻感觉到内心充斥着无法抑制的焦虑与痛苦。

孟女士无疑是一个非常有上进心的人，因为有上进心，所以才会拼命努力地提升自己，让自己成为更优秀的人，这是非常值得肯定的品质。但与此同时，也是这份强烈的上进心，造成了孟女士的焦虑。

很多人或许都曾有过这样的体验：当我们去做某件事情时，如果只是随便做做，敷衍了事，那么无论这件事最后得到怎样的结果，也不会带给我们多大的影响；但如果为了做这件事，绞尽脑汁，拼尽全力，那么这件事最终会有什么样的结果，对我们来说就会变得非常重要。

虽然人们常说，很多时候，做一件事情，过程比结果更重要。但实际上，在现实生活中，很少有人能真正做到这一点。结果重不重要，更多取决于我们在这个过程中付出了多少，投入了多少。也正是因为如此，所以当我们越是努力、越是上进的时候，才会越发在意结果，越发感到焦虑。

然而，事实上，并不是所有的事情，付出就一定会有收获，也并不是所有的努力，得到的回报都一定能让我们满意。不能认清和接受这一点，我们就永远无法摆脱焦虑的困扰。

对于人生而言，上进心本该是一份行动指南，因为有它的存在，我们才会按部就班地朝着目标不断前行。但很多人却把上进心当成了一份"藏宝图"，以为只要握紧这份"藏宝图"，就一定能找到宝藏。如果找不到，或找到的宝藏不能让自己满意，那么这份"藏宝图"就会瞬间失去价值。这就是为什么总有一些人无论做什么事情，刚开始的时候都会表现得很上进，很努力，但如果这件事不能给予他们足够的回馈，这种上进和努力瞬间就会土崩瓦解。

所以，想要逃离"越努力，越焦虑"的怪圈，有三点非常重要。

第一，不要只看结果。

无论做任何事情，都不是只要付出就一定会有收获，只要去做就一定能够成功，我们应该明白并且接受这一点。而且，无论做什么事情，在努力和付出的过程中，我们必然都会得到一些反馈，或者是实实在在的好处，或者只是一些由此而生的感悟，但无论是什么，是多还是少，都有其独特的意义。

生命本身就是一个过程，每一分钟都是组成生命的一个部分。虽然我们会为自己设定一些目标，但这并不意味着，只有达成目标的那一刻，生命才有意义。

我们应该有这样的认知：无论做任何事情，都不能只盯着结果。结果固然重要，但过程也同样值得我们珍惜。就如同打游戏通关，如果只想着不停地去打怪晋级，那么我们就很难真正感受到游戏的乐趣和魅力，反而还会因为等级晋升不够快而陷入焦虑；但如果我们能暂时放下对晋级的执着，用心去感受游戏世界暗藏的每一个惊喜，那么在享受快乐的过程时，谁还会去在乎晋级的速度够不够快呢？

第二，坦然接受自己的不完美。

每个人对自己都有一定的预期值，期待自己应该是什么样，能做到什么地步。如果我们对自己的预期和真实的自己有着较大差距，无论怎么努力，真实的自己都无法真正成为理想中的模样，那么焦虑感就会立刻提升。就像案例中的孟女士，她对自己的预期显然非常高，当她握住上进心这份"藏宝图"的时候，她对于宝藏有着非常高的期待，所以当她发现自己寻找到的宝藏远远达不到期待时，自然就陷入了焦虑。

所以，要想摆脱焦虑感，我们应该明白，没有人是天生完美的，甚至我们可能比别人还要有更多缺点和不足。我们应该学会坦然面对和接受自己的不完美，接受自己可能存在的"缺陷"。只有真正接受了自己，我们才能真正基于现实情况，为自己预设一个真正合理、可以接受的形象。

第三，放慢脚步，享受当下。

并非所有事情都能在付出努力之后立刻看到结果，如果无论做什么事情，我们都一直死死盯着结果，那么在等待的过程中，自然就会激发焦虑情绪。因此，如果我们能学会放慢脚步，享受当下，不再去强烈地期许遥远的结果，那么自然也就不会产生焦虑的情绪。

第5节 别焦虑了，去主宰吧

事实上，我们可以主宰焦虑。也就是说，在面对同样一件事情时，我们可以决定为它而焦虑，也可以决定不为它而焦虑，这些都掌握在我们自己的手中。

这种说法似乎很难让别人相信，那么我们不妨思考一下，焦虑究竟从何而来。曾获得"心理学杰出贡献奖"的美国著名心理学家克里斯多夫·科特曼提出过这样一个公式：焦虑=关切+威胁。

从这个公式我们可以看出，焦虑的诞生需要满足两个条件，即关切和威胁。简单来说，当一件事情发生时，这件事情必须要具备一定的威胁性，这样我们才会感到紧张或惶恐，进而引发焦虑。此外，这件事还必须是我们在乎和关心的，只有在乎和关心，我们才会为此而感到焦虑。

当我们的朋友失业时，通常情况下，我们会向朋友展示出同情和帮助的意愿。失业本身是一件具有威胁性的事情，因为失业带来的一系列负面影响和不良后果确实会造成很多困难。当我们知道这件事情之后，会非常同情朋友，当然也愿意向他伸出援手，帮他一起思索应该如何应对接下来的种种麻烦。但我们大概率不会为此而感到焦虑。这当然不是说我们不关心朋友，而是这件事对我们来说并不会造成直接的影响，因此关切程度自然也不会太深。

但如果这个失业的主角变成了自己，那么，恐怕铺天盖地的焦虑感就要袭来了,这与对朋友的关切是完全不同的,我们会感到惶恐不安、焦虑万分,内心会失去安全感,世界也仿佛瞬间褪色。

可如果我们小有资产,没有经济方面的压力,并且失去的工作也与理想无关。那么现在,是不是忽然觉得,即使失业,好像也并没有什么大不了的,内心的焦虑感也如潮水般褪去了呢?这是因为,失业带来的威胁消除了,因此,即使这是与我们密切关联的事情,但消除威胁感后,也会变得无关痛痒。

说到底,焦虑感实际上是一种心理现象,它的"开关"一直掌握在我们自己手中,而思维模式的转换正是控制这个"开关"的重要手段。

通常来说,焦虑感的来源可以分为两种:一是事情做不完;二是事情做不好。但无论是哪一种,有一点都是可以肯定的,那就是焦虑并不能让我们解决任何问题。而当这些问题摆在我们面前时,事实上我们可以在第一时间通过一些训练和技巧来遏止焦虑感的产生,并且更切实地解决问题。

首先,我们来说先说事情做不完的情况。

当"截止时间"近在眼前,我们手里却依然压着一大堆无法完成的事情时,焦虑感自然就产生了。

现在——先打住!时间那么紧迫,别再浪费时间去设想当"截止时间"到来,而事情又没有做完时,我们究竟会遭遇什么,这只会让我们浪费更多的时间和精力。如果已经顺利地冷静下来,并在第一时间制止了自己的思绪,那么就赶快进入下一个环节吧——把我们在这件事情上需要承担的风险与责任明确清楚。

无论我们出于什么样的原因而无法完成这件事情,都需要把我们所承担的风险和责任解释清楚,这一点非常重要。如果需要向别人解释,或者给别人一个交代,那么这些事情自然要明确清楚。如果不需要向别人解释，那么至少也应该给自己一个交代，同时也能为自己积累经验，避免下一次再犯同样的问题。

明确完风险与责任之后，下一步就应该考虑是否找帮手的事情了。毕竟事情还摆在眼前，当务之急当然是去解决它，而不是放任它超过"截止时间"。等找到帮手之后，或许还会面临新的问题，但不要紧，一切问题都有其答案，我们需要做的，是在一开始就遏止住那些令人焦虑的想象，把注意力集中到如何解决问题上。

接下来，我们再来说事情做不好的情况。

如果焦虑的源头是因为"事情做不好"而产生的，那么在自我反省之前，我们或许可以先评估一下，自己是否具有完美主义倾向。

通常来说，具有完美主义倾向的人都有以下三点特征。

第一，对自己要求十分苛刻，不容许自己有丝毫错误或偏差，否则就会觉得浑身不舒服。

第二，总是忍不住反复修正细节，哪怕已经合格，只要还存在瑕疵，就必须推翻重来。

第三，很难接受失败，特别在意上级的反馈和看法，无法坦然接受批评。

以上三条，如果符合其中两条，那么说明确实有完美主义倾向。如果我们存在这样的问题，那么基本可以断定，产生焦虑的源头，实际上并不在于这件事做得不好，而是在于我们对自己的不接受。换言之，想要消除焦虑，关键并不在于我们正在做的这件事情上，而是在于我们的自我认同感。

只要是人，就必然会出错，只要做事，就必定能挑出瑕疵。但无论是出错还是瑕疵，都不一定意味着失败。所以，接受瑕疵与不足，并不意味着"认输"，也并不是什么丢脸的事。

瞧，面对问题，我们需要的是解决方法，而不是无数不确定的猜测。当我们学会先把这些不确定的猜测丢到一边时，焦虑也就无法再主宰我们的情绪了。接下来，需要做的是去寻找一个答案，找到切实可行的解决办法，消除这个问题带给我们的威胁。

这其实并不难，对吗？我们要相信，除了自己，没有任何人可以主宰我们的情绪。如果焦虑需要同时满足两个条件，那么就逐个击破吧！先放下"关切"，再解决它带来的"威胁"，焦虑也就土崩瓦解了。

附 录

此时的你

此时的你,
我不知道你经历了什么,
也不知道你生活在怎样的环境里。
或许你正在经历惶恐,
或许你正面临着巨大的悲伤,
或许你在不断地追逐和等待,
等待着突破生命中的每一次蜕变……

无论我们经历了什么,
你我都有着共同的愿望,
我们都拥有获得幸福的能力。
无论过去和现在你遇到了什么,
都请相信自己,
命运总是在默默地眷顾着我们。

当情绪来临时,

如果赶不走它，
那就走近去了解它，
与情绪共舞，
与情绪和解。

你会发现，
其实情绪也很美，
它不但是我们的信差，
还是我们忠实的同伴。
让我们可以一次又一次，
去更多地了解自己！

致谢

在这本书的书写和筹备过程中，我要感谢的人很多。

首先要感谢我的家人。我的先生陈晓光、女儿和儿子总是给我足够的思考和书写空间，他们用自己的方式鼓励和支持我去做自己想做的事情，无论是心理咨询还是写作，家人都给了我很多包容和支持。我的母亲和兄弟姐妹总是时常提醒我无论工作和生活多么忙碌，都要先照顾好自己。我的父亲，虽然他已经离开我们，但他在世时对我的爱和关心让我体会到生命的珍贵，他的离去让我学会如何面对生命中的分离。他让我认识到生命的可贵，带给我自我重建的机会，给了我很多勇气去探索生命存在的意义。

其次我要感谢李大山、廖林有、汪瞻、李海波、肖丽云、王俊、上官军等诸位老师，以及助理洋洋、珊珊、子祎，还有所有同和心理团队及合作的咨询老师！我的好朋友、合伙人、公司合作平台，尤其是合作公司第一健康集团的董事长刘朝霞夫妇及所有领导成员，对我的心理工作与推广给予大力支持，他们都一直在身边陪伴着，督促我不断前行。

此外，我还要特别感谢黄鑫老师，是她让我开启了写作之旅；我的成长老师胡赤怡博士、李颜浓、翟文洪、王守莉、汤海鹏、刘鹤群老师，我的督导师陈向一、贺鑫等诸位老师一直陪伴着我的成长。我还要感谢所有心理学前辈，是他们在前方引路，让我充满了力量，勇敢地去探索心理成长和职业发展之路。

在这本书中，我引用了大量的案例故事，在此我还要特别感谢同意授权分享这些案例故事的朋友们，正是因为他们愿意分享这些生命故事，才让这本书变得更加生动。同时，也能更好地帮助有同样需要的人。感谢十多年来一直信任我的来访朋友们，在与他们进行咨询的过程中，我对生命的理解有了更大的广度和深度。与他们一起感受悲伤；体会获得成功的喜悦；感受他们生命成长过程中的一次次蜕变。看到他们生命中的勇敢、智慧、善良，面对生命苦难的坚韧，和那一份自我重建、改变命运的决心和勇气，让我感到由衷的赞叹。同时，他们身上坚韧的品质，也是我保持学习热情，不断在心理行业钻研的动力。

除了家人、前辈、同行和朋友，我还要感谢为这本书的出版付出努力的出版社编辑和所有同仁，在大家共同努力下，这本书最终才能与读者见面。感谢各位读者朋友，正是因为他们，这本书才有了存在的意义和价值。

感谢所有读者，无论我们曾经或者现在经历了什么，也无论命运或情绪带给我们怎样的挑战，请相信我们一定有能力获得自己想要的生活，和属于自己幸福。感谢我们生命中出现的所有情绪，是这些情绪带给我们解开生命之谜的"钥匙"，也是这些情绪带给我们探索自己和了解自己的机会。

希望每个人都能获得更多内心的从容与力量，在获得与分享中，让我们一起探索生活真正的幸福与意义。愿每个人都可按照自己的意愿生活，每个生命都可被温柔以待。愿世界上的每个生命都能获得内在的宁静与幸福！